短视频剪辑与制作

必修课 剪映版

赵申申 ◎ 编著

清华大学出版社
北京

内 容 简 介

本书是实用性较强的一本短视频设计书籍，注重短视频设计的基本理论及项目应用。全书循序渐进地讲解了短视频设计的理论知识以及软件操作。

本书共分为7章，内容包括短视频制作基础，短视频创意与策划，短视频剪辑，短视频调色与美化，文字、特效和动画，短视频声音与音效，短视频的创作类型。其中对第3～7章中的项目进行了非常细致的理论解析和项目软件操作步骤的讲解。

本书针对初、中级专业从业人员，适合各大院校的影视专业学生，同时也适合作为高校教材和社会培训教材使用。

本书封面贴有清华大学出版社防伪标签，无标签者不得销售。

版权所有，侵权必究。举报：010-62782989，beiqinquan@tup.tsinghua.edu.cn。

图书在版编目(CIP)数据

短视频剪辑与制作必修课：剪映版 / 赵申申编著．

北京：清华大学出版社，2025.6. -- ISBN 978-7-302-69245-4

Ⅰ. TP317.53

中国国家版本馆 CIP 数据核字第 2025GK3759 号

责任编辑：韩宜波
封面设计：杨玉兰
责任校对：李玉萍
责任印制：丛怀宇

出版发行：清华大学出版社

网　　址：https://www.tup.com.cn，https://www.wqxuetang.com
地　　址：北京清华大学学研大厦 A 座　　邮　　编：100084
社 总 机：010-83470000　　邮　　购：010-62786544
投稿与读者服务：010-62776969，c-service@tup.tsinghua.edu.cn
质 量 反 馈：010-62772015，zhiliang@tup.tsinghua.edu.cn

印 装 者：涿州汇美亿浓印刷有限公司

经　　销：全国新华书店

开　　本：185mm×260mm　　印　张：13.25　　字　数：320 千字

版　　次：2025 年 7 月第 1 版　　印　次：2025 年 7 月第 1 次印刷

定　　价：79.80 元

产品编号：102825-01

前言 Preface

基于短视频在各个领域的广泛应用，我们编写了本书，选择短视频设计中较为实用的经典案例，涵盖了短视频设计的多个应用方向。

本书分为两大部分，第一部分为理论知识，详细介绍短视频设计中需要掌握的基础知识、技巧；第二部分为应用型项目实战，从项目的设计思路到制作步骤进行详细介绍，使读者既可以掌握短视频设计的行业理论，又可以掌握剪映App的相关操作，还可以了解完整的项目制作流程。

本书共分7章，内容安排如下。

第1章 短视频制作基础，包括认识短视频、短视频制作前的准备工作、短视频拍摄的构图技巧、短视频拍摄的光线、稳定拍摄的方法和设备使用、短视频拍摄的步骤。

第2章 短视频创意与策划，讲解了短视频拍摄的主题、如何讲好一个故事、策划过程中的创意头脑风暴。

第3章 短视频剪辑，包括认识视频剪辑、视频剪辑的视觉语言、故事叙述与情节构建、剪辑节奏与视频的节奏感、视频剪辑风格、剪辑与编辑的基本步骤。

第4章 短视频调色与美化，包括色彩原理、调色与色彩修正等。

第5章 文字、特效和动画，包括文字、特效、动画等的讲解。

第6章 短视频声音与音效，包括声音与音频的分类、音频处理与音效应用、音频叙事与情感表达等。

第7章 短视频的创作类型，包括17种常见的短视频创作类型分析，以及4个大型短视频项目案例。

本书特色如下。

◎ 结构合理。本书第1～2章为短视频基础理论知识，第3～6章为短视频核心技术应用，第7章为大型短视频项目案例应用。

◎ 编写细致。第3～7章详细地介绍了短视频的应用型项目实战，大部分项目详细介绍了其设计思路、配色方案、项目实战步骤。完整度极高，最大程度地还原了项目设计的全流程，使读者身临其境般"参与"项目。

◎ 实用性强。精选时下热门应用，同步实际就业方向和应用领域。

本书采用剪映进行项目制作，由于剪映App随时更新，所以部分界面、功能或按钮可能会略微有不同，但不影响使用。

　　本书提供了案例的素材文件、效果文件以及视频文件，扫描下面的二维码，推送到自己的邮箱后下载获取。

| 视频1 | 视频2和素材效果1 | 素材效果2 | 素材效果3 |

　　本书由赵申申编写。参与本书编写和整理工作的还有杨力、王萍、李芳、孙晓军、杨宗香。

　　由于时间仓促，加之作者水平有限，书中难免存在错误和不妥之处，敬请广大读者批评和指正。

编　者

目 录 Contents

第 1 章　短视频制作基础 ………… 1
1.1　认识短视频 ……………………… 2
1.1.1　短视频的发展与前景 ……… 2
1.1.2　短视频的优势与劣势 ……… 2
1.1.3　短视频的基本名词 ………… 3
1.1.4　短视频的核心要素 ………… 4
1.1.5　短视频制作的原则 ………… 5
1.1.6　短视频平台及其特点 ……… 6
1.2　短视频制作前的准备工作 ……… 8
1.2.1　短视频制作的硬件设备 …… 8
1.2.2　短视频制作的软件工具 … 11
1.3　短视频拍摄的构图技巧 ……… 13
1.3.1　三分法则 ………………… 13
1.3.2　对称构图 ………………… 14
1.3.3　引导线构图 ……………… 14
1.3.4　框架构图 ………………… 15
1.3.5　对角线构图 ……………… 15
1.3.6　中心构图 ………………… 16
1.3.7　留白式构图 ……………… 16
1.3.8　黄金分割构图 …………… 17
1.4　短视频拍摄的光线 …………… 17
1.4.1　自然光的运用 …………… 18
1.4.2　人造光的使用 …………… 19
1.5　稳定拍摄的方法和设备使用 … 21
1.6　短视频拍摄的步骤 …………… 22
1.6.1　预拍摄准备 ……………… 22
1.6.2　多角度拍摄 ……………… 22
1.6.3　后期调整 ………………… 23

第 2 章　短视频创意与策划 ……… 24
2.1　短视频拍什么主题 …………… 25
2.1.1　明确目标受众 …………… 25
2.1.2　短视频拍什么选题 ……… 26
2.1.3　如何策划拍摄内容 ……… 26
2.1.4　短视频分镜头脚本 ……… 27
2.2　如何讲好一个故事 …………… 29
2.2.1　引人入胜的开头 ………… 29
2.2.2　清晰的故事结构 ………… 30

2.2.3 鲜明的角色与情感 ……………… 30
2.2.4 关键转折点 …………………… 30
2.2.5 简洁的结尾 …………………… 31
2.2.6 情感共鸣 ……………………… 31
2.2.7 紧凑的节奏 …………………… 32
2.3 策划过程中的创意头脑风暴 ……… 32
2.3.1 头脑风暴的原则 ……………… 32
2.3.2 头脑风暴的方法 ……………… 32
2.3.3 头脑风暴的示例 ……………… 33

第3章 短视频剪辑 …………………… 34

3.1 认识视频剪辑 ……………………… 35
3.1.1 剪辑的概念 …………………… 35
3.1.2 剪辑要素 ……………………… 35
3.1.3 剪辑的意义 …………………… 36
3.2 视频剪辑的视觉语言 ……………… 37
3.2.1 画面造型语言 ………………… 37
3.2.2 镜头语言 ……………………… 38
3.3 故事叙述与情节构建 ……………… 39
3.3.1 理解故事叙述与情节构建 …… 39

3.3.2 故事叙述与情节构建的一般
流程 ……………………………… 40
3.4 剪辑节奏与视频的节奏感 ………… 41
3.4.1 剪辑节奏与节奏感的概念 …… 41
3.4.2 影响短视频节奏感的元素 …… 41
3.4.3 剪辑节奏对短视频作品呈现的
影响 ……………………………… 42
3.5 视频剪辑风格 ……………………… 42
3.6 剪辑与编辑的基本步骤 …………… 43
3.7 实战："我的厨房日记"Vlog …… 44
3.7.1 设计思路 ……………………… 45
3.7.2 配色方案 ……………………… 45
3.7.3 项目实战 ……………………… 46

第4章 短视频调色与美化 …………… 49

4.1 色彩原理 …………………………… 50
4.1.1 色彩的基本属性 ……………… 50
4.1.2 基础色 ………………………… 53
4.1.3 主色、辅助色和点缀色 ……… 54
4.1.4 色彩搭配方式 ………………… 55
4.1.5 色彩风格 ……………………… 59
4.2 调色与色彩修正 …………………… 60
4.2.1 为什么要调色 ………………… 60
4.2.2 调色的基本思路 ……………… 61
4.3 实战：清冷调色 …………………… 62
4.3.1 设计思路 ……………………… 62
4.3.2 配色方案 ……………………… 63
4.3.3 项目实战 ……………………… 63

	5.4.3 项目实战	99
5.5 实战：好物分享		**103**
	5.5.1 设计思路	104
	5.5.2 文字	104
	5.5.3 项目实战	104
5.6 实战：制作照片变漫画效果		**107**
	5.6.1 设计思路	107
	5.6.2 特效	107
	5.6.3 项目实战	107
5.7 实战：制作DV故障效果		**111**
	5.7.1 设计思路	111
	5.7.2 特效	112
	5.7.3 项目实战	112
5.8 实战：制作氛围炫光转场效果		**115**
	5.8.1 设计思路	116
	5.8.2 特效	116
	5.8.3 项目实战	116
5.9 实战：制作卡通动画视频转场效果		**120**
	5.9.1 设计思路	121
	5.9.2 特效	121
	5.9.3 项目实战	121
5.10 实战：美食卡点短视频		**126**
	5.10.1 设计思路	127
	5.10.2 动画	127
	5.10.3 项目实战	128

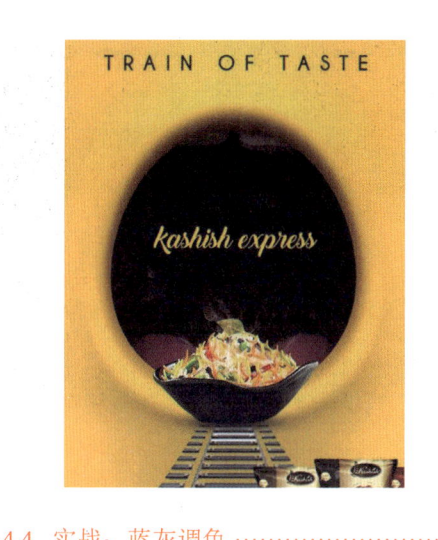

4.4 实战：蓝灰调色		**66**
	4.4.1 设计思路	67
	4.4.2 配色方案	67
	4.4.3 项目实战	68
4.5 实战：唯美调色		**70**
	4.5.1 设计思路	70
	4.5.2 配色方案	71
	4.5.3 项目实战	71
4.6 实战：明亮风景滤镜		**81**
	4.6.1 设计思路	81
	4.6.2 配色方案	81
	4.6.3 项目实战	82

第5章 文字、特效和动画 85

5.1 文字		**86**
	5.1.1 文字在视频中的作用	86
	5.1.2 文字的设计原则	86
	5.1.3 动态文字效果	87
5.2 特效		**90**
	5.2.1 画面特效	90
	5.2.2 人物特效	91
	5.2.3 转场特效	91
5.3 实战：冬日旅行Vlog		**92**
	5.3.1 设计思路	92
	5.3.2 文字	92
	5.3.3 项目实战	93
5.4 实战：弹幕文字效果		**98**
	5.4.1 设计思路	98
	5.4.2 文字	98

第6章 短视频声音与音效 138

6.1 声音与音频的分类		**139**
	6.1.1 人声	139
	6.1.2 音效	139
	6.1.3 音乐	140

6.1.4 无声 ·················· 140
6.2 音频处理与音效应用 ············ 140
　　6.2.1 声音的基本属性 ········ 140
　　6.2.2 音频处理与音效应用 ···· 141
6.3 音频叙事与情感表达 ············ 141
　　6.3.1 音频与故事叙述 ········ 141
　　6.3.2 音频与情感表达 ········ 142
6.4 实战：综艺搞笑音效 ············ 143
　　6.4.1 设计思路 ·············· 143
　　6.4.2 声音 ·················· 143
　　6.4.3 项目实战 ·············· 144
6.5 实战：卡点闪黑 ················ 147
　　6.5.1 设计思路 ·············· 147
　　6.5.2 声音 ·················· 148
　　6.5.3 项目实战 ·············· 148

第7章 短视频的创作类型 ········ 157

7.1 短视频的常见创作类型 ·········· 158
　　7.1.1 Vlog日常 ·············· 158
　　7.1.2 家庭生活 ·············· 159  
　　7.1.3 家居装修 ·············· 159
　　7.1.4 手工制作 ·············· 160
　　7.1.5 知识科普 ·············· 160
　　7.1.6 动物宠物 ·············· 161
　　7.1.7 美食烹饪 ·············· 162
　　7.1.8 时尚美妆 ·············· 163
　　7.1.9 旅游探险 ·············· 164
　　7.1.10 运动健身 ············· 165
　　7.1.11 幽默搞笑 ············· 166
　　7.1.12 文化艺术 ············· 167
　　7.1.13 音乐 ················· 167
　　7.1.14 剧情 ················· 168
　　7.1.15 舞蹈 ················· 169
　　7.1.16 创意 ················· 170
　　7.1.17 教学 ················· 170
7.2 实战：综艺感片头 ··············· 171
　　7.2.1 设计思路 ·············· 171
　　7.2.2 特效 ·················· 172
　　7.2.3 项目实战 ·············· 172
7.3 实战：风景旅行视频 ············ 176
　　7.3.1 设计思路 ·············· 177
　　7.3.2 特效 ·················· 177
　　7.3.3 项目实战 ·············· 178
7.4 实战："出发回家啦"短视频 ······ 183
　　7.4.1 设计思路 ·············· 184
　　7.4.2 特效 ·················· 184
　　7.4.3 项目实战 ·············· 184
7.5 实战：假期Vlog短视频 ·········· 188
　　7.5.1 设计思路 ·············· 189
　　7.5.2 特效 ·················· 189
　　7.5.3 项目实战 ·············· 189

第 1 章

短视频制作基础

短视频在社交媒体和数字营销中的作用越来越关键。本章将带领读者了解短视频制作的基础，包括其发展历程、核心要素和制作原则等。接着介绍了不同短视频平台的特点，帮助读者理解这些平台如何影响内容创作。其内容将涵盖拍摄前的准备工作（例如所需的硬件设备和软件工具）、构图技巧（例如三分法则和对称构图），以及光线的运用（自然光和人造光）。此外，还介绍了稳定拍摄的方法，确保能从预拍摄准备、角度选择到后期调整，全面了解短视频制作的每个步骤。

1.1 认识短视频

短视频以其简洁易消化的特性，迎合了现代人快节奏、高效率的生活方式。短视频的兴起不仅推动了信息传播的变革，也为普通用户提供了一个表达和创作的平台。每个人都能自由地制作和分享有趣的、创意十足的视频，因此它成为社交互动的新媒介。

1.1.1 短视频的发展与前景

短视频的出现打破了传统视频创作的门槛，让普通人也能轻松地创作和分享视频内容。随着数字时代的到来和智能手机技术的发展，各种短视频平台纷纷上线，短视频也迅速普及开来。短视频的发展可以分为以下几个阶段。

初始阶段：这个阶段的短视频主要由用户生成内容主导，其形式和内容都比较简单。各个平台和创作者在此阶段主要是试探和尝试短视频的创作方式和商业模式。

发展阶段：短视频逐渐获得了广泛的关注和认可。越来越多的专业内容开始涌现，平台也推出了多种功能和特性，丰富了内容形式，提高了内容质量。

成熟阶段：现在，短视频行业已经进入成熟期，重点在于优质内容的生产和商业模式的创新，同时与其他领域进行更多的融合和创新。行业开始规范化，平台也推出了更多创新功能以吸引用户和创作者。

随着移动通信技术的普及和智能设备的不断更新，短视频的未来前景非常广阔。市场规模将持续扩大，行业会更加注重创新和品质，内容将更加丰富多元，同时社交属性也会进一步强化，以满足用户日益多样化的需求。

1.1.2 短视频的优势与劣势

相较于传统视频形式，短视频在时长、内容与传播速度上的优势显而易见，主要体现在以下方面。

信息量大：短视频以简洁的形式呈现，可以在短时间内传达大量的信息，具有高效性。

内容丰富：短视频涵盖生活、文化、科技、娱乐等多个领域，能够满足不同用户的需求。

互动性与用户黏性高：有趣的内容可以吸引观众的注意力，评论、点赞和分享等功能增强了用户的参与感。

易于传播：短视频通过社交媒体和互联网迅速传播，用户可以随时随地观看。

实时性高：短视频可以及时传达最新信息和事件，提升了信息的时效性。

制作成本低：随着智能手机的普及和社交媒体的发展，短视频的制作和发布变得更加便捷，降低了制作成本。

短视频由于受时长与娱乐性等因素的影响，会出现质量与准确性方面的问题，主要体现在以下方面。

内容质量参差不齐：短视频的制作门槛相对较低，一些创作者由于缺乏专业知识和技能而难以制作出高质量的短视频。

时长限制导致信息表达不完整：短视频时长有限，不能全面展示一个复杂的话题或故事，这样会影响用户对内容的理解和接收。

难以形成深度内容：短视频受时长与创作者限制，只能对主题或事件进行简单的介绍或展示，缺乏深入探讨与分析。

易产生沉迷和浪费时间的问题：短视频内容轻松娱乐化，容易吸引用户的注意力，过度地观看可能会浪费大量的时间和精力，影响工作和生活。

1.1.3 短视频的基本名词

了解与短视频相关的基本名词，可以帮助创作者把握短视频创作的核心要素，理解视频创作的思路和技巧，从而更好地进行剪辑和编辑工作。

画面：画面是指视频中呈现的图像和视频片段。

帧：帧是视频的基本单元。视频是由一系列快速显示的静止图像组成的，每一帧都是这个连续图像中的一个单独画面。

帧率：视频的帧率是指每秒显示的视频图像的数量，它决定了视频的流畅度和动态效果。视频的帧率包括24帧/秒、30帧/秒、50帧/秒和60帧/秒等。

码率：码率是指数据传输时每秒传送的数据量，它决定了视频的质量和文件大小。码率越高，画面越清晰，但会导致文件容量增加和上传速度变慢。

比例：画面比例是指视频的宽高比，它会影响视频的效果和观感。常见比例有16：9、9：16、1：1、4：3等几种。选择合适的比例可优化不同屏幕上的显示效果。

分辨率：视频分辨率是指视频图像的清晰程度，它表示垂直和水平方向上所能显示的像素数量，通常以宽度×高度的方式表示。视频的分辨率包括480p、720p、1080p等几种。

视频格式：视频格式是指视频文件的编码方式，影响播放质量和文件大小。主要分为本地影像视频（如MP4、AVI）和网络流媒体视频（如FLV），它们在质量、文件大小和播放稳定性上有所不同。

音频：音频是以电子形式储存和处理声音的结果。它可以是视频素材中的原声，也可以是后期添加的背景音乐、录音与音效等。音频可以与视频一起编辑和播放。

音频格式：音频格式决定了音频数据的存储和压缩方式，影响音质和兼容性。常见的音频格式有MP3、WAV和AAC等几种。

时间轴：时间轴用于组织和编辑视频片段，水平显示时间流逝，垂直显示不同轨道。通常包括主视频轨道、副轨道（画中画）和音频轨道。

文本：文本是指视频编辑过程中添加的文字内容，可以根据标题、字幕、注释的需要，设置字体、字号、颜色与样式等。

剪辑点：剪辑点是指两个镜头之间的转换点，准确选择剪辑点可以使不同镜头之间的衔接更加自然流畅。

转场：转场是指两个镜头或片段之间的过渡效果，如闪白、叠加溶解、擦除、模糊等。

特效：特效是指在视频编辑过程中添加的各种特殊效果，例如过渡效果、动画特效、文字动效等。

滤镜：滤镜是实现视频或图像特殊效果的工具，应用滤镜效果可以改变视频的质感、氛围与风格，为视频增添艺术感。

调色：调色是指对视频画面的颜色进行精细调整，以改变画面的色彩表现，创造特殊的视觉效果。

1.1.4 短视频的核心要素

短视频可以为人们的娱乐生活带来更多色彩，还能传递丰富的信息以及进行高效的营销推广。准确把握短视频的核心要素，可以增强视频的观赏性与表现力，提高短视频的观看率与传播效果。

创意：创意是短视频制作的核心，一个好的创意能够吸引观众的注意力，让视频更具有吸引力和独特性。

内容：内容的质量是吸引观众的重要因素。清晰的画面、引人入胜的故事以及合理的剧情设置可以提高视频的质量与视觉效果。

视频结构与节奏：制作视频前需进行整体规划，控制视频的长度和节奏，使观众更容易理解视频的主题与内容。

剪辑：剪辑是短视频制作的关键环节，通过剪辑将不同素材、镜头与音频整合，可以增强视频的节奏感、故事性和视觉效果，提高观众的观看体验。

情感：一个好的短视频应能够引起观众的情感共鸣。音乐和音效是短视频的重要元素，正确的背景音乐能够为视频增添情感元素，提高视频的氛围效果，使观众更加投入。

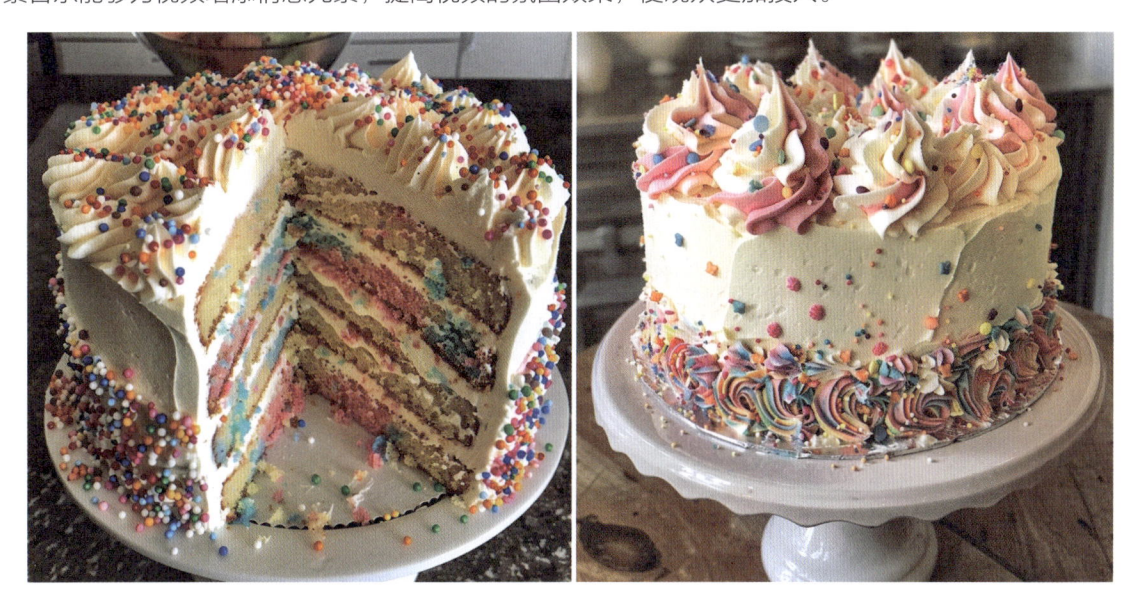

1.1.5 短视频制作的原则

短视频制作的原则是创作者实现优质创意、内容、剪辑、音效和视觉效果的重要指南。通过遵循这些原则，创作者可以制作出高质量、具有观赏价值，且贴近观众需求和兴趣的视频，从而激发观众的兴趣和共鸣。

明确主题：确定目标和主题是短视频制作的第一步，它为内容创作提供了明确的方向和指导。只有深入地了解目标观众的需求和兴趣，才能创作出能够与观众建立有效联系的视频。

内容为王：当人们完全投入一项活动中时，会忘记了时间，感觉不到时间的流逝。短视频平台的特点与内容可以让人沉浸其中，使用户专注于视频内容，而忽略时间的流逝。

黄金5秒准则：短视频的前5秒是吸引观众注意力的关键。需要在这5秒中快速切入主题，呈现有趣和引人注目的内容，以吸引观众继续观看。

热点话题：热点话题自带关注度和话题度，紧跟当下流行元素和热门话题可以提高短视频的曝光率和点击率。

最佳时长：短视频的时长控制在15~30秒为最佳。超过30秒会导致其完播率大幅度下降。

统一视频封面风格：短视频封面是视频的第一印象，经过精心的设计排版，统一封面与内容的元素及风格，可以帮助观众识别作品，增加视频的点击率和观看量。

1.1.6 短视频平台及其特点

短视频平台作为信息传播和社交互动的重要媒介，不仅为用户提供了丰富多彩的内容，还为创作者提供了展示才华、吸引粉丝和实现商业价值的平台。下面将介绍几个主流短视频平台的特点、用户群体和算法机制，以及平台选择对创作者的重要性。

抖音　　快手　　视频号　　小红书

淘宝　　微博　　知乎　　哔哩哔哩

1. 抖音

主要特点

智能推荐算法：抖音的算法能够根据用户的观看习惯、点赞、评论和分享等行为，个性化推荐内容，确保用户始终接收到最感兴趣的视频。

丰富的滤镜和特效：抖音提供多种滤镜、特效和音乐，让创作者能够轻松制作出高质量、创意十足的视频。

互动功能强大：抖音的评论、点赞、转发和私信功能使得用户之间的互动非常活跃，增强了社区氛围。

用户群体

年轻人：主要为18~35岁的年轻用户，他们喜欢新奇、有趣和高颜值的视频内容。

内容创作者：包括普通用户、网红、品牌和媒体等，他们通过创作视频吸引粉丝并实现变现。

算法机制

兴趣推荐：基于用户行为数据（如观看时长、点赞、评论等），不断优化推荐算法，提高用户黏性。

热度加权：视频的点赞、评论、转发等行为都会影响其热度，从而影响推荐权重。

2. 快手

主要特点

草根文化：快手鼓励普通人分享自己的生活，内容更加真实和接地气。

社交属性：用户之间可以通过关注、评论、私信等方式建立联系，形成紧密的社交网络。

直播功能：快手的直播功能非常强大，许多用户通过直播与粉丝互动并实现收入。

用户群体

广泛的年龄层：从小学生到中老年人，各个年龄段的用户都有覆盖。

二、三线城市用户：快手在二、三线城市及乡村地区有很高的渗透率。

算法机制

社交推荐：不仅基于用户的行为数据，还注重社交关系的推荐，用户更容易看到朋友或关注者的内容。

内容平权：鼓励多样化的内容创作，草根用户也有机会获得大量曝光。

3. 视频号

主要特点

微信生态优势：视频号作为微信平台的一部分，能够直接连接微信好友、微信群和公众号，实现内容的广泛传播和社交互动。

丰富的创作工具：提供多样化的视频制作工具，包括滤镜、特效、音乐等，方便用户创作高质量的视频内容。

商业化机会：支持电商和直播功能，创作者可以通过视频号进行商品推广和直播带货，实现变现。

用户群体

微信用户：涵盖各个年龄段的微信用户，尤其是30岁以上的中年用户和职场人群。

内容创作者：包括普通用户、企业、媒体和品牌，通过视频号推广产品、服务和个人品牌。

算法机制

社交推荐：基于用户的社交关系和互动行为，推荐好友、关注者和群组成员发布的视频内容，增强社交属性。

内容质量权重：视频的点赞、评论、转发等行为会影响其推荐权重，优质内容更容易被曝光。

4. 小红书

主要特点

社区分享：用户通过图文和视频分享生活方式、美妆、时尚、美食等内容。

种草平台：用户喜欢在小红书上寻找产品推荐和购物攻略，极具消费引导力。

内容精致：内容创作者注重图片和视频的质量，呈现美观的视觉效果。

用户群体

年轻女性：主要为18~35岁的女性用户，她们关注美妆、时尚和生活方式等内容。

消费群体：注重品质生活和消费体验的用户。

算法机制

兴趣推荐：基于用户的浏览、点赞、收藏和评论行为，推荐相应的内容。

关键词搜索：用户通过搜索关键词找到相关内容，平台也会根据搜索记录优化推荐。

5. 微博

主要特点

信息发布平台：微博是一个基于用户关系的信息分享、传播及获取平台，支持图文、视频、直播等多种内容形式。

热点话题：微博上的话题和热搜榜是用户了解最新事件和趋势的重要途径。

明星效应：许多明星和名人活跃在微博，通过发布动态与粉丝互动，扩大影响力。

用户群体

广泛用户基础：覆盖各个年龄层的用户，尤其是在一、二线城市有较高的用户活跃度。

关注时事和娱乐的用户：用户通过微博获取新闻、娱乐八卦和热点话题等内容。

算法机制

热点推荐：通过算法捕捉热点话题和高互动量内容，推荐给用户。

关注推荐：基于用户的关注关系和兴趣标签，推荐相关内容。

6. 平台选择对创作者的重要性

选择合适的短视频平台对创作者来说至关重要，不同平台的用户群体、内容风格和推荐机制会影响创作者的内容传播效果和粉丝增长。以下是几点建议。

了解用户群体：创作者应根据自己的内容风格和目标受众选择平台。例如，时尚和美妆博主适合选择小红书，而关注社会热点和娱乐八卦的创作者可以选择微博。

适应平台风格：不同平台有不同的内容偏好和风格，创作者需要了解并适应这些风格，以提高内容的受欢迎程度。

利用平台功能：充分利用各个平台的特性和功能，如抖音的特效和音乐、快手的直播功能、小红书的购物推荐等，以增强内容的吸引力和互动性。

多平台运营：为了最大化内容的覆盖面和影响力，创作者可以在多个平台同时运营，但要注意根据平台特点进行内容调整和优化。

1.2 短视频制作前的准备工作

短视频制作前的准备工作包括准备适合拍摄的硬件设备和后期制作的软件工具。

1.2.1 短视频制作的硬件设备

1. 摄像设备

手机：智能手机是短视频拍摄最便捷的工具。现在的手机拥有强大的摄像功能，支持4K视频拍摄和各种拍摄模式，适合初学者和轻量级创作。

摄像机：专业创作者可以选择专用的摄像机。摄像机具有更高的画质、更多的手动控制选项，适合追求高质量视频的创作者。

2. 灯光设备

环形灯：环形灯是拍摄短视频时常用的补光设备，它能够均匀地照亮拍摄对象，消除阴影，适用于自拍、美妆等视频拍摄。

LED补光灯：便携式LED补光灯可以灵活地调整光线亮度和色温，适用于各种拍摄环境，增强视频的光线效果。

影视灯：如果是在室内拍摄，灯光的可选性就比较大，不仅可以使用环形美颜灯或带有柔光罩的专业影视灯，甚至台灯、落地灯都可以根据需要使用。

3. 音频设备

麦克风：高质量的音频对短视频制作非常重要。常用的麦克风有领夹式麦克风、枪式麦克风和USB麦克风等。

枪型麦克风：枪型麦克风灵敏度高、指向性强，适合正对着麦克风录制，其他方向的声音不会被收入。枪型麦克风可通过热靴接入相机。适合相对安静的拍摄环境，如采访、访谈类短视频，穿搭、美妆、拆箱等沉浸式短视频，也可作为剧情类短视频现场的收音设备使用。但要注意，枪型麦克风收音范围有限，应避免距离音源太远的收音情况。

录音设备：对于更高要求的音频录制，可以使用专用的录音设备，能够录制高品质的音频，适合专业创作。

4. 三脚架和稳定器

三脚架：三脚架能够稳定摄像设备，防止抖动，提高画面的稳定性。

稳定器：手持稳定器可以消除运动中的抖动，适合运动拍摄和Vlog制作。

5. 推荐工具和设备

适合初学者的工具和设备

硬件设备：智能手机、环形灯、领夹式麦克风、便携式三脚架。

软件工具：剪映App、快影App。

适合专业人士的工具和设备

硬件设备：专业摄像机、LED补光灯、专业麦克风、手持稳定器、高质量三脚架。

软件工具：Adobe Premiere Pro、Final Cut Pro等。

1.2.2 短视频制作的软件工具

1. 剪映App

特点：剪映是一款简单易用的手机视频编辑软件，其界面友好，功能丰富，适合初学者使用。剪映提供多种滤镜、特效、音乐和字幕功能，能够快速制作出精美的视频。

适用人群：初学者、轻量级创作者。

剪映介绍：

剪映是一款操作简便的视频编辑工具，支持手机、Pad、Mac和Windows电脑使用。它提供了多种功能，主要如下。

视频剪辑：支持分割、变速、裁剪和拼接等基本操作。

音频编辑：可分离音频，进行剪辑、混音和降噪，同时提供背景音乐选择。

文字和贴纸：可以添加自定义文字和贴纸，支持丰富的样式和动画效果。

自动识别：自动识别声音并生成字幕，节省手动输入时间。

特效功能：包括转场、动画和画面特效，增强视频效果。

滤镜功能：提供多种风格的滤镜，如梦幻、小清新等，适合不同的视频需求。

调节功能：允许自定义亮度、对比度、饱和度等，以优化视觉效果。

比例功能：自由调整视频比例和屏幕位置。

智能HDR：使用AI技术提升画质，使色彩更真实、鲜明。

一键导出：快速导出编辑好的视频，支持本地保存和社交平台分享。

丰富模板：提供多种模板，快速生成高质量短视频。

一键成片：自动进行剪辑、转场和特效处理，根据模板生成视频。

2. 快影App

特点：快影App是一款移动端视频编辑工具，提供简单易用的编辑功能，专为快速制作短视频而设计。

优点：操作简便，拥有多种模板和特效，支持快速分享，适合快速编辑和即时发布。

适用人群：初学者、日常用户、需要快速编辑和分享视频的人群。

剪映App 界面　　　　　　　快影App 界面

3. Adobe Premiere Pro

特点：Adobe Premiere Pro是专业的视频编辑软件，其功能强大，支持多层编辑、复杂特效和高级调色，广泛应用于影视制作和专业视频创作。

优点：与其他Adobe软件（如After Effects、Photoshop）无缝集成，支持丰富的插件扩展，适合处理高质量的视频项目。

适用人群：专业创作者、视频制作团队。

4. Final Cut Pro

特点：Final Cut Pro是Apple推出的专业视频编辑软件，拥有强大的编辑功能和高效的处理能力，特别适合Mac用户。

优点：界面直观，操作流畅，支持4K、8K视频编辑，拥有丰富的插件和模板。

适用人群：专业创作者、Apple生态用户。

1.3 短视频拍摄的构图技巧

短视频构图在视频制作中扮演着至关重要的角色，它通过精心安排画面中的元素，如主体、背景、线条和色彩等，来引导观众的视线流动，突出视频的主题和重点，同时增强视频的视觉美感和叙事氛围。其分类多样，包括三分法则、对称构图、引导线构图、中心构图等，每种构图方式都能为视频创造出不同的视觉效果和叙事氛围。

1.3.1 三分法则

三分法则将画面水平和垂直分为九等分，把拍摄对象放置在这些线的交叉点上，这样可以使画面更加平衡和美观。

在拍摄风景、人像等场景时，可以将地平线放在三分线的上下三分之一处，将主体人物的眼睛放在上三分线的交叉点上。

1.3.2 对称构图

对称构图通过左右或上下对称来增强画面的平衡感和美感，适合于拍摄建筑、反射等对称性强的场景。

在拍摄桥梁、走廊、镜面反射等场景时，运用对称构图可以让画面更具视觉冲击力。

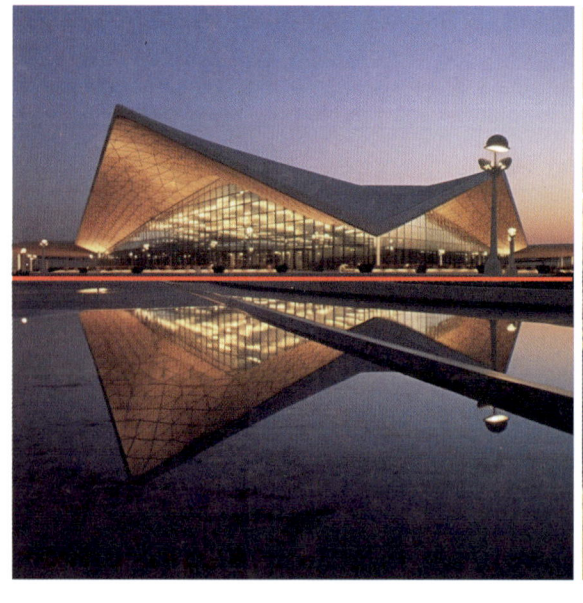

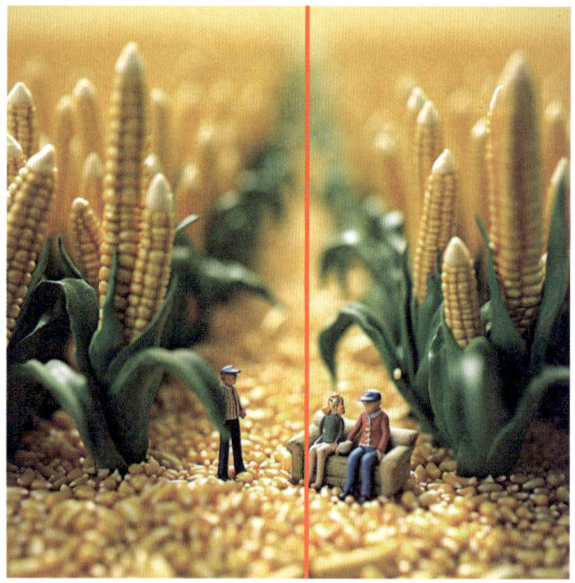

1.3.3 引导线构图

利用自然或人为的线条（如道路、河流、栏杆等）引导观众的视线，可以突出画面的深度和层次感。

在拍摄景观、城市街道等场景时，利用引导线可以引导观众的注意力到特定的焦点上。

1.3.4 框架构图

利用门窗、树枝等自然或人工形成的框架将主体框起来，可以增强画面的层次感和立体感。在拍摄人像、风景等场景时，可以利用前景物体构成框架，增加画面的趣味性和立体感。

1.3.5 对角线构图

将拍摄对象沿画面的对角线排列，可以增加画面的动态感和深度。

在拍摄动态场景、运动物体等时，使用对角线构图可以增强画面的张力和动感。

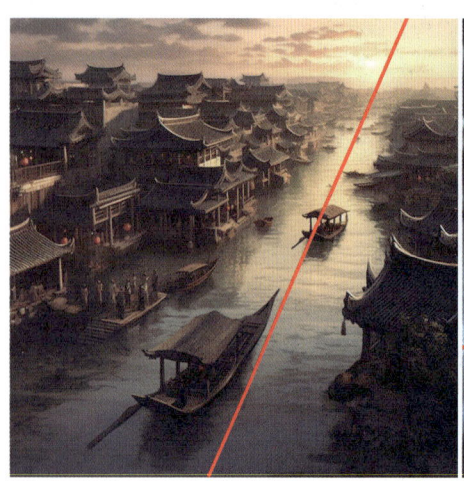

1.3.6 中心构图

将拍摄对象放置在画面的正中央，突出主体，适合于表现对称性强的场景和突出单一主体。

在拍摄人像、特写、建筑等场景时，使用中心构图可以突出主体，增强画面的集中性和视觉冲击力。

1.3.7 留白式构图

留白式构图通过减少画面中的元素和干扰，使主体更加突出，从而提升画面的视觉冲击力和清晰度，凸显作品的意境。

留白式构图适用于拍摄静物和人像等场景，通过留出足够的空白区域，减少背景复杂性，增强主体的表现力和画面的简洁美感。

1.3.8 黄金分割构图

黄金分割构图基于黄金比例,将画面分割成1∶0.618的比例,使画面更加和谐、美观。

在拍摄风景、人像等场景时,使用黄金分割构图可以使画面更加和谐、美观,增强视觉吸引力。

1.4 短视频拍摄的光线

光线是短视频拍摄中至关重要的因素之一,正确运用光线可以提升视频的质量和视觉效果。

1.4.1　自然光的运用

早晨和黄昏：

早晨和黄昏这两个时间段的光线被称为"黄金时段"，其色温温暖，产生的阴影较长且柔和。适合拍摄人像和风景，因为这种光线能够为画面增添温暖的色调和柔和的阴影，可以增强画面的立体感和美感。

可以利用日出或日落的光线作为背光，通过调整拍摄角度和主体位置，创造出迷人的剪影效果或柔美的光晕。

正午：

正午的光线强烈且直射，容易产生硬阴影和高对比度的场景。正午适合拍摄需要强烈对比和鲜明色彩的场景，但要注意避免直射阳光对拍摄主体造成过曝或阴影过硬的问题。

可以使用反光板将阳光反射到拍摄主体上，柔化阴影；或利用遮光板遮挡部分阳光，减少过曝区域。

阴天：

阴天的光线均匀且柔和，没有明显的阴影，色温较冷。阴天适合拍摄需要均匀光线的场景，如人像、静物等，能够呈现柔和的光影效果。

利用阴天的散射光拍摄，避免强烈的阴影和高光区域，可以创造出平静、柔和的画面效果。

1.4.2 人造光的使用

环形灯：

环形灯可以提供均匀的光线，消除面部阴影，使皮肤看起来更加光滑和细腻。环形灯适合拍摄人像、美妆、直播等视频，能够突出主体并提升皮肤质感。

可以将环形灯放置在摄像机周围或直接对着拍摄主体，通过调节灯光的亮度和色温，达到最佳效果。

LED补光灯：

LED补光灯可以灵活地调整亮度和色温，能够适应各种拍摄环境，提供稳定的光源。LED补光灯适合在光线不足的环境中拍摄，或作为补光工具，用于增强视频的光线效果。

根据拍摄需求调整LED补光灯的亮度和色温，可以将其放置在不同的位置，如侧面、顶部或背后，以创造不同的光影效果。

软箱灯：

软箱灯可以提供柔和、均匀的光线，减少硬阴影和高光点。软箱灯适合拍摄需要均匀光线的场景，如人像、产品展示、直播等。

将软箱灯放置在拍摄主体的一侧或两侧，通过调整灯光的角度和距离，可以控制光线的柔和度和照射范围。

反光板：

反光板可以反射和引导光线，补充拍摄主体的光线，柔化阴影。反光板适合在自然光或人造光环境中使用，用于补光和柔化光线。

将反光板放置在拍摄主体的阴影面，通过调整反光板的角度和位置，可以将光线反射到需要补光的区域。

1.5 稳定拍摄的方法和设备使用

三脚架：

三脚架能够提供稳定的拍摄平台，减少相机抖动，确保画面清晰。三脚架适合各种拍摄场景，尤其是需要长时间拍摄或低光环境下的拍摄。

选择适合的三脚架高度和角度，确保相机稳固；在不平整的地面上，可以通过调整三脚架的脚部长度来保持平衡。

稳定器（如手持云台）：

稳定器可以通过机械或电子方式，减少手持拍摄的抖动，提供平稳的画面。稳定器适合移动拍摄、运动场景、旅行拍摄等，能提升视频的专业性和观赏性。

正确地安装和调平相机，熟练掌握稳定器的操作技巧，通过平滑的移动和转动，可以创造流畅的画面效果。

手持稳定技巧：

在没有辅助设备的情况下，通过正确的手持姿势和技巧，可以减少拍摄抖动。适合日常拍摄、快拍等场景，保持视频的稳定性。

双手持稳相机，肘部靠近身体，保持稳定；在移动拍摄时，缓慢且平稳地移动步伐，避免突然的转动和晃动。

1.6 短视频拍摄的步骤

拍摄一部短视频是一项精细而多步骤的工作，从前期准备到后期制作，每一步都至关重要。下面详细介绍短视频拍摄的主要步骤。

1.6.1 预拍摄准备

1. 场景勘察

提前到拍摄地点：在正式拍摄前，要先到拍摄地点进行实地考察。了解环境布局、光线条件和可能的拍摄障碍。观察不同时间段的光线变化，选择最佳的拍摄时间。

确定最佳拍摄角度：根据所要拍摄的内容，尝试不同的拍摄角度，找到最能展现主题的视角。应注意避开杂乱的背景和过亮或过暗的区域。

光线条件：自然光是拍摄的好帮手，但有时也需要补充人工光源。分析拍摄时的光线情况，以决定是否需要使用反光板、补光灯等设备来优化光线。

2. 设备调试

检查设备：在拍摄前，确保摄像机、手机、电池、存储卡等设备都处于良好状态。确认相机设置（如分辨率、帧率、曝光）符合拍摄需求。

辅助设备：确保三脚架、稳定器、麦克风等辅助设备安装稳固，功能正常。根据需要调整这些设备，确保拍摄稳定、音质清晰。

试拍：进行试拍，检查画面效果和音频质量，发现问题及时调整，确保一切准备就绪。

1.6.2 多角度拍摄

1. 多角度尝试

拍摄同一场景的多个角度：在拍摄过程中，尝试从不同角度和位置拍摄同一场景。这样可以在后期剪辑时有更多的选择，使视频更具动态感和多样性。

移动拍摄：使用滑轨或稳定器进行移动拍摄，增加画面的流动感。保持画面稳定，同时捕捉到更多的细节和变化。

2. 切换焦点

突出不同的拍摄对象：根据剧情或画面的需要，调整焦点，突出不同的拍摄对象和细节。通过对焦切换，可以引导观众的视线，增强叙事性和画面层次感。

景深控制：利用浅景深或深景深，突出主体或展示整个场景。浅景深使背景虚化，突出前景；深景深则展示更多场景细节，丰富画面信息。

1.6.3 后期调整

1. 剪辑和调色

剪辑：将不同角度、不同场景的素材进行剪辑，形成连贯的故事线或画面流。注意剪辑节奏、镜头转换和音效的搭配，提升视频的观赏性和流畅度。

调色：根据视频风格和主题，对画面进行调色处理。调整色调、对比度、饱和度等参数，统一画面风格，增强视觉效果。使用专业调色软件（如Adobe Premiere Pro、DaVinci Resolve）进行细致调整。

2. 添加特效和字幕

特效：适当添加特效，如转场、动画等，可以增强画面的动感和视觉冲击力。注意特效的使用要适度，避免画面杂乱。

字幕：添加字幕有助于信息传达，特别是对白和关键信息的展示。确保字幕样式简洁易读，位置和出现时机合理，增强观众的理解和体验。

音效和音乐：选择合适的背景音乐和音效，营造氛围，增强情感表达。调整音量和平衡，确保音乐不会遮盖重要的对话或声音。

读书笔记

第 2 章

短视频创意与策划

短视频创意和策划是创作成功内容的基础。本章将探讨如何确定短视频的拍摄主题，并指导读者如何明确目标受众和策划拍摄内容，包括制作分镜头脚本。还将深入分析如何讲好一个故事，涵盖引人入胜的开头、清晰的故事结构、鲜明的角色与情感、关键转折点和简洁的结尾。最后，将介绍策划过程中的创意头脑风暴，包括其原则、方法和实际示例，帮助读者在创作中激发灵感，提高短视频创作的质量和效果。

2.1 短视频拍什么主题

在正式制作短视频之前，首先要思考短视频应拍什么主题？那么就要考虑自己的目标受众群体是哪些人？我擅长什么方向的内容创作？如何策划拍摄内容，等等。

2.1.1 明确目标受众

年龄和性别：了解观众的基本特征，有助于确定短视频内容的风格和语气。例如，年轻的观众可能更喜欢快节奏、幽默感强的内容，而年长的观众可能偏好信息丰富、节奏较慢的视频。

兴趣爱好和职业：深入了解观众的兴趣和职业背景，可以帮助你创作出与他们生活息息相关的内

25

容。例如，如果你的观众是学生，可以制作与学习技巧相关的视频。

观看习惯和平台偏好：研究观众喜欢在哪些平台观看视频，以及他们的观看时间和习惯，选择合适的内容形式和发布时间。例如，如果你的观众大多在晚上很活跃，可以考虑在这个时间段发布视频。

2.1.2　短视频拍什么选题

一个好的选题是短视频创作成功的关键。以下几种方法可以帮助读者确定更合适的创意。

热点话题：跟踪社会热点、新闻事件或流行文化，制作与当前节日、流行趋势或新闻事件相关的短视频，这样可以迅速引起观众的兴趣。例如，在节日时制作相关主题的内容，或围绕热门新闻展开讨论。

生活记录：记录日常生活中的有趣瞬间，增加短视频的亲切感和真实感。例如，制作旅行Vlog、家庭日常或者宠物趣事的记录，让观众感受到你真实的生活体验。

教育与分享：提供实用的知识和技能，包括制作教程、技巧分享或产品评测。例如，分享美食制作教程、化妆技巧，或者进行产品测评，这类视频可以帮助观众学习新技能或做出购买决策。

娱乐与挑战：制作轻松有趣的娱乐内容，包括搞笑短剧、挑战视频或游戏。例如，参与流行挑战、制作搞笑片段，或者进行互动游戏，这类视频可以吸引观众的注意力，为他们带来欢乐。

创意短片：制作具有创意和故事情节的短片，通过独特的视角和创意，吸引观众的眼球。例如，拍摄短小的剧情片、音乐短片，或者创意广告。

个人兴趣与专长：将个人兴趣和专长融入短视频创作中，形成独特的内容。例如，选择你擅长或热爱的领域，如摄影或DIY项目，让内容更有个人特色。

2.1.3　如何策划拍摄内容

策划拍摄内容是确保短视频成功的关键一步。以下是常用的策划拍摄内容。

选题明确：确定视频的核心主题和目标受众，确保内容有针对性和吸引力。例如，如果目标受众是年轻人，可以选择与流行趋势或热门挑战相关的内容。

编写脚本：制定详细的分镜头脚本，包括每个镜头的内容、拍摄角度、旁白等。脚本应具体到每一个场景和对话，确保拍摄过程有条不紊。例如，一个旅行Vlog的脚本可以包括从起始景点的介绍到沿途风光的拍摄，再到特色活动的展示和最后的总结。

规划拍摄安排：制定拍摄时间表，确保每个镜头按计划完成，避免浪费时间。例如，安排早晨拍摄风景，下午进行活动拍摄，晚上完成总结拍摄。

设备与场景准备：确保拍摄所需的设备（如相机、麦克风、灯光等）和场景设置到位。例如，在拍摄美食视频时，准备好合适的光线、背景和摆盘，可以让视频看起来更加专业和吸引人。

创意元素的融入：在策划中加入独特的创意元素，如特效、音乐、转场等，可以提升视频的观看体验。例如，使用慢动作来突出关键动作，使用快节奏的音乐来增加紧张感，使用动感的转场效果来增强视频的流畅性。

2.1.4 短视频分镜头脚本

编写短视频分镜头脚本是制作短视频的关键步骤，包括详细规划每个镜头的内容、角度和旁白，确保视频紧凑有序。以下是两个类型的短视频分镜头脚本举例。

"12种蔬菜茶饮短视频"分镜头脚本

时间	镜头	景别	拍摄内容	旁白
0:00 ~ 0:10	开场镜头，自拍镜头	中景	主持人在门店外自拍，背景是店铺招牌和环境	"大家好！今天我来到[店铺名]，这家店竟然用12种蔬菜做茶饮，这能好喝吗，我是不信。不行，我得替你们尝尝！"
0:10 ~ 0:20	门店内景镜头	全景	展示店内环境和氛围，包括装潢、顾客用餐情况	"哎呀，门店的人真多啊，排队要排一会。"

27

续表

时间	镜头	景别	拍摄内容	旁白
0:20～0:40	特写镜头	特写	店员准备蔬菜和茶饮的原料，如胡萝卜、菠菜、芹菜等	"我数一下是不是12种蔬菜，这里是他们的原料，健康满满啊！"
0:40～1:00	制作过程镜头	中景	展示制作过程，从切菜、榨汁到混合	"挺干净啊，但我还是好奇它的味道，哈哈，期待啊。"
1:00～1:20	成品展示镜头	近景	展示完成的蔬菜茶饮，特写镜头展现颜色和质感	"做好了啊，来吧，我先尝一口！"
1:20～1:40	尝试茶饮镜头	中景	主持人尝试这杯茶饮并给出即时评价	"哇，味道居然这么清新爽口！虽然有点蔬菜味，但混合得非常和谐。我平时是不喜欢吃蔬菜的，但这个搭配真的好喝。"
1:40～2:00	原料细节镜头	特写	展示各类蔬菜原料的细节，强调其新鲜感和营养感	"这些原料不仅新鲜，而且富含多种维生素和矿物质，每一口都很健康。"
2:00～2:20	主持人总结镜头	中景	主持人总结茶饮的特点，并鼓励观众尝试	"这杯12种蔬菜茶饮真是惊艳到我了，很清爽，而且不甜，我喜欢！"
2:20～2:30	结束镜头	全景	展示店铺的外景或一些特色环境，慢慢拉远镜头，带出整体氛围	"再见啦！下期见，我带你们品尝更多美食！"

"三亚亚龙湾旅行Vlog"分镜头脚本

时间	镜头	景别	拍摄内容	旁白
0:00～0:10	开场镜头，自拍镜头	中景	主持人在亚龙湾沙滩上自拍，背景是海景和沙滩	"大家好！今天我来到风景如画的亚龙湾，这里的海滩和风景太美了，我迫不及待地要带你们一起逛一下美丽的景点！"

续表

时间	镜头	景别	拍摄内容	旁　白
0:10～0:20	海滩全景镜头	全景	展示亚龙湾的全貌，包括沙滩、海水和远处的度假酒店	"哇，这片海滩真是太美了，细腻的沙子和湛蓝的海水完美融合，这里简直是度假的天堂！"
0:20～0:40	活动镜头	中景	展示游客在海滩上的活动，如冲浪、沙滩排球等	"远处的冲浪、沙滩排球，你们能看到吗？大家真欢乐啊！"
0:40～1:00	酒店和度假村镜头	全景	展示度假村的外观、游泳池和环境	"我们现在在[酒店名]度假村，这里的环境优美，有游泳池和各种休闲设施，非常适合放松和度假。"
1:00～1:20	海景细节镜头	近景	展示海水的细节，如海浪、贝壳、海滩上的自然景观	"看看这湛蓝的海水和细腻的沙滩，海浪轻轻地拍打岸边，贝壳散落在沙滩上，这些细节让人感受到大自然的美好。"
1:20～1:40	美食体验镜头	中景	展示当地特色美食，如海鲜、热带水果的品尝过程	"当然，来到亚龙湾怎么能错过美食呢？这边有新鲜的海鲜和热带水果，简直是大快朵颐的时刻！"
1:40～2:00	主持人总结镜头	中景	主持人总结当天的经历，分享对亚龙湾的感受	"今天的亚龙湾之行真是太棒了，沙滩、海水、活动、美食一应俱全。希望你们也能有机会来这里亲身体验！"
2:00～2:20	结束镜头	全景	展示日落、海边景色或夜晚的亚龙湾	"再见啦！希望你们喜欢今天的旅行，如果喜欢的话记得点赞和关注哦，我们下期见！"

2.2　如何讲好一个故事

写好一个故事，是有很多规律可循的。以下为常用的技巧。

2.2.1　引人入胜的开头

开场几秒钟非常关键。用悬念、提问或有趣的对话来吸引观众的注意。例如，可以用一个令人好奇的开场白，或者一个意外的画面，来激发观众对后续内容的兴趣。

例1：

文案："你能想象在不到一分钟的时间里，完成一顿大餐吗？今天你来给我倒计时60秒！"

说明：通过设问激发观众的好奇心，促使他们继续观看。

例2：

文案："这是我这辈子见过最奇怪的宠物，不是猫，不是狗，你绝对猜不到它是什么！"

说明：使用意外的陈述引起观众兴趣，让他们想继续看下去以了解答案。

2.2.2 清晰的故事结构

一个成功的故事需要有明确的结构。确保故事有引入背景、发展冲突、达到高潮和最终结尾这几个环节。每一部分都要自然过渡，帮助观众轻松理解故事的进展。

例1：

文案："在一个宁静的小镇，有一个古老的传说。每到满月之夜，镇上的钟楼总会发出奇怪的声音（引入背景）。年轻的侦探莉莎决定一探究竟，但她很快发现，这声音背后隐藏着一个巨大的秘密（发展冲突）。在她即将揭开真相时，钟楼突然倒塌（达到高潮）。莉莎拼尽全力逃生，并在废墟中找到了真正的答案（结尾）。"

说明：通过分阶段叙述，结构清晰，容易理解。

例2：

文案："小孙是一个普通的上班族，他每天的生活都是按部就班（引入背景）。直到有一天，他在地铁上捡到了一本神秘的日记（发展冲突）。日记中写满了未来的预言，而每一个预言都在真实发生（达到高潮）。最终，小孙利用这些预言改变了自己的命运，找到了生活的真谛（结尾）。"

说明：故事有明确的阶段性发展，让观众容易跟随情节进展。

2.2.3 鲜明的角色与情感

角色和情感是故事的核心。通过生动的角色塑造和真实的情感表达，让观众产生共鸣。展示角色的目标、挑战和成长，使观众能感受到他们的情感变化和成长。

例1：

文案："小明从小就梦想成为一名画家，但家境贫困让他无法实现梦想（角色目标）。他每天放学后都要帮忙做家务，晚上才有时间偷偷画画（挑战）。在一次绘画比赛中，小明的作品意外获得了第一名，这不仅改变了他的命运，也让他明白了坚持的重要性（成长）。"

说明：通过描绘小明的奋斗和成长过程，引发观众的情感共鸣。

例2：

文案："小王是一名职场新人，面对繁重的工作和苛刻的上司，她感到非常沮丧（角色挑战）。她不愿放弃，开始在下班后学习新的技能（角色目标）。终于，在一次重要项目中，她凭借出色的表现赢得了上司的认可，感受到了成就感和职业成长（成长）。"

说明：小王的故事展示了她的奋斗和情感变化，让观众能与她的经历产生共鸣。

2.2.4 关键转折点

转折点是推动故事发展的重要部分。在短视频中，这些关键时刻要既明确又引人入胜。转折点应该带来惊喜、冲突或重大变化，让故事充满张力。

例1：

文案："在一次冒险中，老王和他的团队发现了一座宝藏（引入）。然而，当他们打开宝箱时，里面竟然是一张古老的地图（转折点1）。地图上标记的地方居然是他们的家乡，这意味着他们的冒险才刚刚开始（转折点2）。"

说明：通过两个关键转折点，使故事充满悬念和吸引力。

例2：

文案："莉莉一直在准备一场重要的演讲（引入）。就在演讲前一晚，她的演讲稿不见了（转折点1）。她不得不临场发挥，但意外的是，这次即兴演讲反而更加精彩，赢得了全场的掌声（转折点2）。"

说明：突如其来的转折让故事更具戏剧性，吸引观众的注意力。

2.2.5　简洁的结尾

结尾要有效总结故事或提供令人满意的收尾。一个好的结尾能让观众对故事有一个清晰的印象，可能是感人的结局、意外的反转，或者引发思考的结论。

例1：

文案："最终，小明凭借自己的努力和坚持，考上了梦想的美术学院。他明白，只有不放弃，梦想才会成真。"

说明：简洁总结，给观众一个明确的正能量信息。

例2：

文案："在赢得比赛后，我站在领奖台上，回忆起那些辛苦的日子。我明白，正是那些挑战让我成了今天的自己。"

说明：通过情感的升华，让观众对故事有一个深刻的印象。

2.2.6　情感共鸣

成功的故事能触动观众的情感。通过展现角色的真实情感和故事的核心主题，激发观众的共鸣。不管是喜悦、悲伤还是惊讶，确保故事能够触及观众的内心。

例1：

文案："看着母亲每天辛苦工作，小红决定要好好读书，将来给母亲一个更好的生活。当她拿到大学录取通知书时，母女俩相拥而泣，那一刻的泪水中充满了幸福和希望。"

说明：展现亲情和奋斗，触动观众的内心。

例2：

文案："在最黑暗的日子里，小刚发现了自己的音乐天赋。他用音乐表达心中的痛苦与希望，最终，他的歌曲感动了无数人，成为大家心中的英雄。"

说明：通过音乐和情感的结合，让观众感受到主人公的内心世界。

2.2.7 紧凑的节奏

保持快速的节奏对于短视频至关重要。确保每一部分都紧凑而有力,避免冗长的描述和无关的细节。通过合理的节奏和流畅的叙事,保持故事的活力和吸引力。

例1:

文案:"小明每天早晨5点起床跑步,晚上坚持学习。日复一日的努力,终于在高考中取得了优异的成绩,成功考上了理想的大学。"

说明:简短有力的描述,让观众快速了解小明的奋斗历程。

例2:

文案:"丽莎决定减肥,从健康饮食到每天健身,短短三个月,她减掉了20斤,焕发出新的光彩。她的坚持和变化让所有人都感到惊讶。"

说明:通过简洁的叙述,让观众迅速抓住故事的重点和变化。

2.3 策划过程中的创意头脑风暴

在策划短视频的初期阶段,创意头脑风暴是激发灵感和生成创意的重要方法。通过系统的创意头脑风暴,可以为短视频的创作提供丰富的素材和灵感,确保最终的策划方案更加全面和有吸引力。

2.3.1 头脑风暴的原则

无评判:在头脑风暴过程中,不要对任何创意进行批判或评判,鼓励团队成员自由发言,提出尽可能多的创意。

鼓励大胆的想法:鼓励团队成员提出大胆、创新的想法,即使看起来不切实际,也不要轻易否定。

量重于质:在初期阶段,创意的数量比质量更重要。多样的创意可以为后续筛选提供更多选择。

结合与改进:鼓励团队成员在别人的创意基础上进行结合和改进,产生新的想法。

2.3.2 头脑风暴的方法

自由讨论:召集团队成员进行自由讨论,每个人都可以随意表达自己的创意。可以使用白板或便笺纸记录所有的想法。

角色扮演:让团队成员扮演不同的角色,从不同的视角提出创意。例如,扮演观众、客户、竞争对手等,思考他们可能喜欢或需要什么样的内容。

头脑风暴工具:使用一些常见的头脑风暴工具,如思维导图、六顶思考帽等,帮助我们结构化地生成和组织创意。

2.3.3 头脑风暴的示例

以"12种蔬菜茶饮短视频"为例,头脑风暴过程中可能产生的创意如下。

(1)展示每种蔬菜的营养价值和健康益处。

(2)邀请观众说出饮用后的感受。

(3)制作过程展示。

(4)茶饮装饰体验。

以"12种蔬菜茶饮短视频"中的"展示每种蔬菜的营养价值和健康益处"和"观众说出饮用后的感受"为例,进行头脑风暴,将其一一列出,列出的越多,则创意就会形成的越多越快,再进行分组讨论,很多创意自然就会呈现出来。

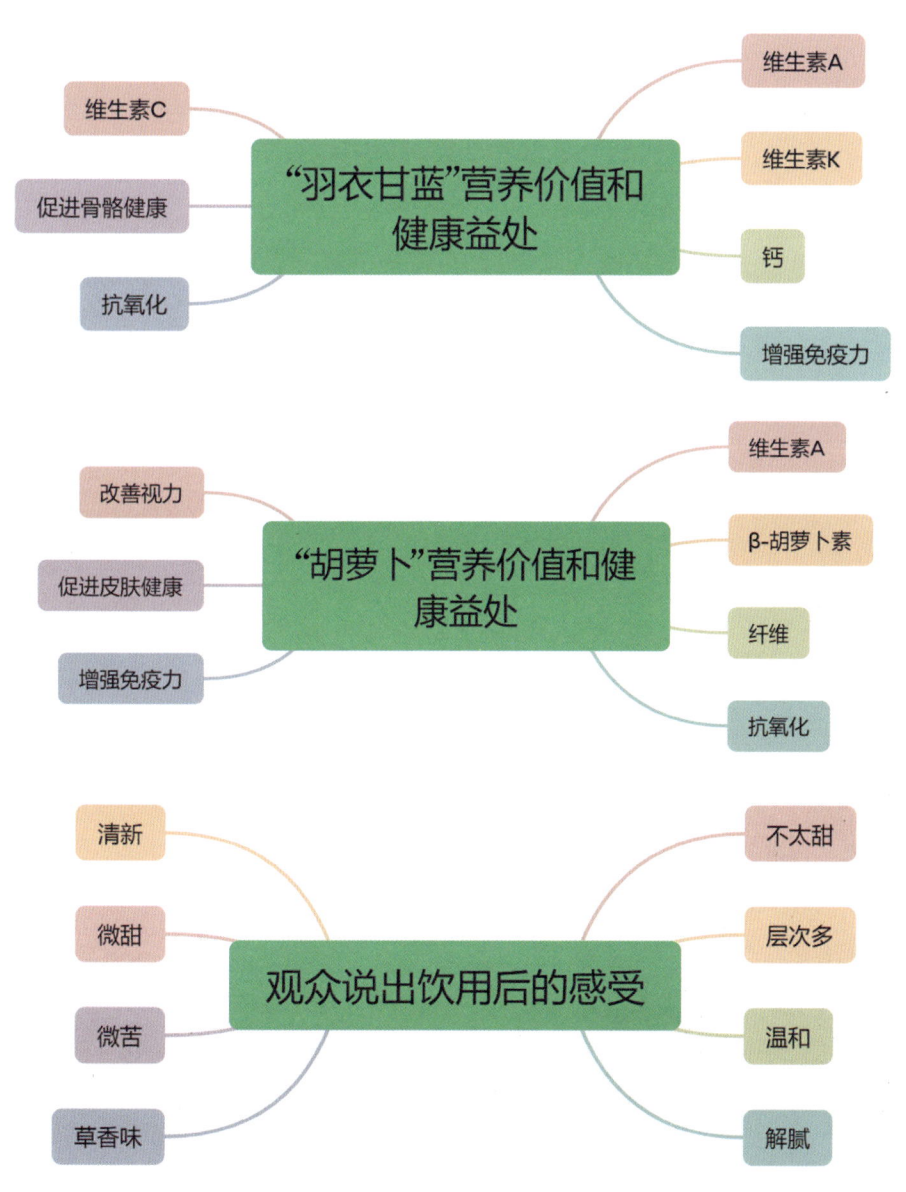

"羽衣甘蓝"营养价值和健康益处:维生素C、促进骨骼健康、抗氧化、维生素A、维生素K、钙、增强免疫力

"胡萝卜"营养价值和健康益处:改善视力、促进皮肤健康、增强免疫力、维生素A、β-胡萝卜素、纤维、抗氧化

观众说出饮用后的感受:清新、微甜、微苦、草香味、不太甜、层次多、温和、解腻

第 3 章

短视频剪辑

短视频剪辑在内容创作中扮演着至关重要的角色。本章将介绍视频剪辑的基本概念和要素，探讨剪辑是如何通过视觉语言和镜头语言增强视频表现力的。分析了故事叙述和情节构建的流程，以及剪辑节奏如何影响视频的节奏感。还讨论了不同剪辑风格及其对视频效果的影响。通过具体案例和实战操作，帮助读者提升剪辑技能，优化短视频创作。

3.1 认识视频剪辑

剪辑是短视频制作中最重要的环节，它可以充分表达作品的意图、风格和情感。

3.1.1 剪辑的概念

剪辑是将原始视频素材分割、删除、拼接和处理的过程，其目的是形成完整且具有观赏性的短视频。通过剪辑和编辑，可以重新组织和调整视频的时间与空间，提升视频的视觉效果与质量。

3.1.2 剪辑要素

在进行剪辑之前，需要了解一些基本要素，包括剪辑点、信息、动机、连贯性和声音。

剪辑点：用于连接不同片段，可以是声音或画面。掌握好剪辑点可以使镜头切换更加流畅。剪辑点分为两类：画面剪接点（如动作、情绪、节奏剪接点）和声音剪接点（如对白、音乐、音效剪接点）。

信息：通过镜头传递给观众的内容，包括视觉信息和听觉信息。

动机：镜头切换和转场应有明确动机，可以是视觉的或听觉的。例如，当角色陷入回忆时，切换到回忆画面可以帮助观众理解故事。

连贯性：巧妙的剪辑可以使视频内容和场景无缝衔接，为观众提供流畅的观看体验。连贯性包括内容、动作、位置和声音的连贯。

声音：声音剪辑有对接和拆分两种方式。对接是指画面与声音同步切换，拆分则让画面先转换，使切换更自然。

3.1.3 剪辑的意义

通过剪辑技巧和艺术手段，对原始视频和音频素材进行调整和修饰，可以创造出与内容匹配的视觉和听觉效果，提升观众的观看体验。

叙事连贯：合适的剪辑点和场景过渡可以让镜头的衔接更加流畅，使作品更加紧凑，让观众清晰理解故事的发展。

节奏控制：通过调整素材的播放速度和顺序，可以控制视频的节奏，创造出特定的剪辑效果，使作品更加生动有趣。

突出重点：利用画面缩放、关键帧、特效或字幕等功能，可以突出视频中的重要内容，增强画面的感染力和表现力。

营造视觉效果：通过剪辑技巧、滤镜、调色和特效，可以实现特殊的视觉效果，增强视频的视觉冲击力，吸引观众的注意力。

情感表达：巧妙运用剪辑技巧并搭配适宜的背景音乐和音效，可以表达特定的情感和氛围，引起观众的情感共鸣。

3.2 视频剪辑的视觉语言

视觉语言是一种通过影像、镜头移动、画面构图、色彩和光线等视觉元素传递信息的非语言性沟通方式。它可以表意和隐喻，通过暗示情节和情感变化来表达故事的主题和情感，帮助观众更加深入地理解和感受故事的发展。视觉语言主要分为画面造型语言和镜头语言两种。

3.2.1 画面造型语言

画面是视频的基本单位，由一系列快速播放的静态帧组成。画面可以是现实场景或电脑生成的图像。其基本构成元素包括表现对象、线条、光影、色彩、空间和构图等，它们共同构成视频的视觉空间。

画面造型语言通过这些元素的组合和变化来传递信息与情感，强调视觉形象的塑造与呈现。它可以记录现实世界或进行艺术化加工，创造出超越现实的视觉效果与艺术表达。

表现对象：包括主体、陪体、前景和背景。

主体：画面中心或重点位置的人物、动物、物体或景观。通过特写和镜头角度等方式突出主体，以传达视频主题与重点信息。

陪体：辅助主体的对象，与主体构成情节，帮助创作者塑造主体形象，增强叙事效果。

前景：靠近镜头的景观或装饰，通常位于画面边缘，以增强画面的空间深度。

背景：位于主体与陪体后方的场景，用于交代故事发生的地点与环境，衬托主体和营造氛围。

布景与道具：设计空间布置、家具、装饰品、服饰等，传递故事发生的时间、地点与背景，根据主题与风格选择，以增强场景或剧情的真实感。

画面构图：指画面的整体布局和元素的安排方式。通过合理的组织与安排主体、陪体与背景，构成具有美感的视觉形象，增强画面的表现力，传达特殊的艺术表达与主题。

光影：通过不同的光线强度、方向和阴影变化，表现物体与画面的质感、形态与空间感，塑造出不同的画面氛围与视觉效果。光线可以是自然光、人造光、软光、硬光等。

色彩：通过色彩的对比、组合和渐变，能创造出丰富的色彩效果，增强画面表现力，营造氛围并传达不同的情感。

线条与形状：运用线条表现画面的结构与情感，运用形状表现物体的外貌与特征。线条的粗细、方向、曲直和形状的大小与方向，共同决定了画面的主题与风格，产生不同的视觉效果与情感表达。

质感：通过色彩、光影、纹理等表现手法呈现物体的表面特征，如衣服的面料粗糙或光滑、动物皮毛的质感，不同材质的质感可以衬托出不同的风格与画面氛围。

立体感：通过线条、明暗、深度与透视，呈现物体的形状与体积，使观众感受到物体的立体特征与画面的空间感。包括前景、中景和背景的景深效果，以及近大远小的透视效果。

景别：指被摄物在画面中的范围大小，包括远景、全景、中景、近景与特写，不同景别展现出不同的视野与空间范围，表达不同的氛围与情感。

运动：被摄物在画面中的移动或变化。运动的模糊轮廓、动作姿态、路径、方向和速度会影响画面的视觉效果，进而影响视频的动态感与节奏感。

动画与动态图形：包括动态图像、运动图形、闪烁文字、特殊效果和动画转场等，可以增强视频画面的动感与趣味性，能创造出更加生动有趣的视频作品。

文字：在画面中增添信息、传达情感，以标题、注释、字幕的形式出现，帮助观众理解视频画面的含义。

3.2.2 镜头语言

镜头语言是指通过镜头中的画面来表达创作者的意图和情感。每个镜头都是两个剪辑点之间的一段画面，是视频的基本单位。通过视角选择、镜头运动、镜头切换等手法，镜头语言能展现故事情节、传达情感、营造氛围，形成连贯、有节奏和表现力的画面效果。镜头语言包含以下几个方面。

镜头选择：选择合适的镜头类型展现故事场景和情感。广角镜头能捕捉更多场景，而特写镜头可以突出人物情感和细节。

机位：摄像机的位置。机位可以拍摄出不同的情节、情感与视觉效果。远景机位拍摄整体场景，交代背景与环境；特写机位则拍摄对象的细节、表情等，展示人物心理状态或突出其重要性。

拍摄距离：摄像机与被摄对象之间的距离。近距离拍摄让观众感觉亲近，远距离拍摄则提供客观的观察视角。

镜头角度：摄像机与被摄对象之间的位置关系。不同角度，如正面、俯视、仰视，可以传达不同的视角和氛围。

镜头运动：摄像机在拍摄过程中的移动方式。包括推、拉、摇、移、跟等，能创造动态效果。

镜头长度：一个镜头从开始到结束的时间长度，影响叙事、情感表达和节奏。
镜头切换：从一个镜头到另一个镜头的过程，用来改变视角、推进情节并控制视频节奏。

3.3 故事叙述与情节构建

故事叙述与情节构建是通过影像、音效和文字等元素的合理运用，安排和连接场景与事件，以表达一个完整连贯的故事。在短视频中，时间是一个关键因素。受限于短视频的时长，情节需要紧凑并在有限的时间内展开与推进。通过精确选择与安排场景、事件和转折点，可以保证故事的连贯性与吸引力，帮助观众理解情节并留下深刻印象。

3.3.1 理解故事叙述与情节构建

故事叙述通过情节和角色的展开表达故事的发展与高潮。在短视频中，需用有限的视觉和听觉手段，在有限的时间内展现主题、因果关系和逻辑。明确的框架和节奏是引导观众投入故事的关键。

情节构建是指安排和连接场景、人物与事件，形成连贯叙事结构的过程。在短视频中，情节构建需更紧凑高效，通过精心剪辑和选择关键情节，确保故事在有限的时间内完整呈现。

了解叙事因素：短视频的叙事包括场景选择、事件安排和剧情发展。关键元素有主题、人物、情节、事件、时间和地点。这些因素能帮助创作者构建框架并推进故事。

主题：主题是短视频作品所要传达的核心观点和中心思想，需明确深刻，能在短时间内被观众理解并触动内心。短视频的创意构思、拍摄、事件和配乐都围绕主题展开。

设置与背景：设置与背景是故事情节的重要组成部分，为故事的发生与发展提供具体的背景与情境，使故事更真实可信。包括场景、时间、地点等具体环境，和故事的历史、文化与社会背景。

人物：人物是短视频故事的核心，推动情节发展。刻画人物时关注外貌、性格、情感和动机，以增强冲突和推进故事。

对话：对话是指角色间的交流与互动。可以是不同角色间的对话，也可以是角色自己与内心的对话。对话通过语言的传递表达信息、揭示人物关系、交代角色情感，展现矛盾与冲突、推动剧情发展。

动作：动作是指角色的身体语言与行为表现，包括肢体运动、面部表情、姿态等。动作可以传达人物的情感、关系，塑造人物形象，还可以交代隐含信息与暗示，推动情节的发展。

情感：情感是指人物在特定情境下表现出的情感状态与情绪，通过角色的情感表达，可以触发观众的情感共鸣，塑造人物形象，增强视频内容的感染力。短视频受时长所限，情感表达需要更加真实细腻，能够直接传达角色的内心感受。

事件：事件是指故事情节中的具体行动或故事节点，是构成情节的基本单位。事件可以是角色间的冲突与剧情的转折点等，事件的发生与发展能够推进故事情节的发展，增加悬念，增强故事的吸引力与戏剧效果。

情节：情节是故事发展的主线，由一系列事件与冲突组成，是连接人物与地点的关键线索。在短视频中，情节需要紧凑有趣，从而在短时间内吸引观众，引导观众对故事的关注与兴趣。

逻辑顺序（叙事结构）：情节的发展通常由逻辑顺序推动，它是构建故事线的关键，涉及故事的因果关系、角色动机的合理性以及情节发展的连贯性等。在短视频中，由于时间的限制，逻辑顺序更加重要，创作者需要用简洁明了的方式呈现故事情节。

3.3.2 故事叙述与情节构建的一般流程

故事叙述是一个确保观众理解内容的过程，通常遵循以下顺序：开头—冲突—发展—转折—高潮—结尾。短视频受限于时间，因此流程简化为：引入—发展—高潮—结局。

引入：在短视频开始时交代故事发生的背景信息、角色与情境，为观众提供故事的基本设定。通过引人入胜的画面与有趣的情节可以激发观众的兴趣。

发展：随着故事的推进，故事情节逐渐展开，引发人物间的对立、矛盾与冲突。通过一系列事件与行动的发生，能够增强故事情节的悬念感，引起观众的紧张感。

高潮：高潮是冲突的最高点或事件的转折点。在故事的高潮阶段，人物的冲突与故事的紧张感达到顶峰，是整个故事序列中最引人注目与引发情感反应的部分，能够为观众带来强烈的视听体验。

结局：结局是故事的尾声。在这个阶段矛盾与冲突得以解决，交代了角色的最终命运与故事结局。结局可以是圆满的，也可以是开放性的，留给观众无限想象。

3.4 剪辑节奏与视频的节奏感

通过巧妙地运用剪辑技巧，可以将镜头、音频、特效和转场等元素合理地连接在一起，形成视觉与听觉上的流畅感和连贯性，创造出不同的节奏感，使短视频的故事情节更具逻辑性与感染力，从而吸引观众的关注，并让观众在观看过程中始终保持兴趣和关注。

3.4.1 剪辑节奏与节奏感的概念

剪辑节奏：是指视频画面的动态表现。通过运用剪辑手段，对镜头的时长、运动与转换速度等多方面进行调控，可以使短视频作品呈现出一种有规律、起伏变化的节奏感。

节奏感：是指视频本身所具有的一种节奏感受。视频的节奏感直接影响观众对视频内容的感知和情绪的激发。

剪辑节奏与视频的节奏感密切关联。剪辑节奏的好坏直接影响着视频的节奏感受。通过合理的剪辑手法和节奏控制，可以创造出与视频内容相匹配的节奏感。快速的剪辑节奏使短视频作品更具张力与活力，为观众带来紧凑、激烈的节奏感受；而缓慢的剪辑节奏则营造出一种宁静和沉思的氛围，能够为观众带来舒缓、平静的节奏感受。

3.4.2 影响短视频节奏感的元素

短视频的节奏感受到多种因素的影响，包括用户偏好、视频主题和内容。不同类型的短视频在节奏上差异明显。例如，Vlog的节奏较慢，带来放松的感觉，而影视音乐视频节奏较快，产生强烈的视觉冲击。

影响节奏感的关键元素包括镜头数量和持续时间、剪辑速度和组接方式以及音频节奏。有效调控这些元素可以提升视频的节奏感和观赏体验。

镜头数量和持续时间：镜头的数量和持续时间是影响视频节奏感的重要因素。镜头数量多且持续时间短会加快节奏，增强视频的紧凑感与冲击力；镜头数量少且持续时间长则减缓节奏。

剪辑速度和组接方式：镜头的运动和组接方式会影响视频的节奏感。快速切换镜头可以加快节奏，增强视频的动感和连贯性；而慢速过渡则可以营造安宁、平静的氛围。

音频节奏：音乐的节奏、对白的语速以及音效等声音元素都会影响视频的节奏感。快节奏的音乐可以营造紧张、欢快的氛围。

3.4.3　剪辑节奏对短视频作品呈现的影响

剪辑节奏在短视频中扮演着至关重要的角色，它决定了视频的速度、流畅度和连贯性。掌握适当的剪辑节奏能让短视频更加紧凑、引人入胜，从而提升观众的参与度和兴趣。剪辑节奏主要影响以下几个方面。

视觉效果：不同的剪辑技巧和特效可以创造出丰富的视觉效果，吸引观众的注意力并激发他们的分享欲望。

整体风格：快节奏的剪辑能够让视频充满活力和紧张感，而慢节奏的剪辑则营造出宁静和沉浸式的氛围。

叙事效果：合理的剪辑可以有效地控制视频的节奏和情节发展，帮助观众更好地理解和感受视频传达的内容和主题。

情感表达：通过调整剪辑节奏，可以塑造出紧张、悬疑、喜悦或悲伤等情感氛围，从而增强短视频的情感冲击力和吸引力。

观影体验：剪辑节奏过快可能让观众感到信息过于密集，难以跟上；而剪辑节奏过慢则可能使观众感到乏味。恰到好处的节奏能够更好地引导观众的情绪和注意力，提升整体观看体验。

3.5　视频剪辑风格

剪辑风格指的是剪辑短视频时采用的剪辑方式与技巧，而剪辑效果则是这些方式和技巧所带来的影响。在进行视频剪辑时，必须紧密结合视频的主题和整体风格。不同的情境和情感传达需要选用恰当的剪辑方法和技巧，从而打造出最佳的叙事和视觉效果。

平行剪辑：通过同时展示不同场景或视角，可以创造出对比和关联。这种剪辑风格适用于多线索的故事叙述，能够为观众提供故事线索，增强观众对视频内容的好奇心与兴趣。

交叉剪辑：通过对不同场景中同时发生的故事线进行巧妙的交叉剪辑，可以建立角色之间的交互关系，创造出平行叙事的效果，能够增强视频故事的复杂性和紧凑性。

跳跃剪辑：通过快速的镜头切换和画面跳转，可以迅速切换不同时间点、地点或场景。这种剪辑方式可以用来表现人物在梦境中惊醒的情节，通过镜头的快速切换，将观众带入一个充满未知和紧张感的世界。

蒙太奇剪辑：蒙太奇剪辑是将多个不同的片段或画面通过快速切换、交错叠加、混合等处理，创造出新的含义、独特的视觉效果和戏剧张力。蒙太奇剪辑常用于表达复杂的情感与故事结构，为观众带来强烈的视觉冲击与感官体验。

声音先入：通过在画面出现之前让下一个镜头的音效先响起，可以创造出未见其人先闻其声的效果，调动观众的感官，提升观众的期待感，让整个故事更加引人入胜。

快节奏和动感风格：通过快速的剪辑节奏和频繁的镜头切换，并配合节奏强烈的音乐可以增强动感效果，营造紧张、激烈的氛围，以调动观众的感官，为观众带来强烈的视听刺激。

慢节奏和抒情风格：通过延长镜头时长和缓慢的镜头切换和过渡，结合舒缓、柔和的音乐节奏，能够营造安静、温馨、悠闲的场景氛围，让观众有时间欣赏和感受画面的细节与情感。

叙事和故事性风格：通过连贯的镜头切换与场景切换、适当的转场和音频叙述将视频片段或画面有机地连接起来，形成一个清晰、连贯的故事线和情节发展脉络。这种风格适合于讲述故事、传达信息或展示剧情发展的短视频内容。

混剪：混剪是将多个预先存在的视频片段依据特定的主题、风格或目的进行剪辑。这些片段可以来源于影视作品、广告、动画作品，也可以是创作者的原创素材，采用快速剪辑、跳切、画中画等剪辑手法，并与音频进行搭配，创造出全新的视频内容。

3.6 剪辑与编辑的基本步骤

剪辑与编辑是将原始视频素材进行分割、删除、拼接和处理，以形成完整且具有观赏性的短视频作品的过程。通过剪辑与编辑操作可以重新组织和调整视频的时间与空间，提升视频的视觉效果与质量。

具体的剪辑与编辑步骤可以根据视频需求进行调整、优化。其大致流程分为以下几个步骤。

选择素材：根据视频作品的主题或目标，拍摄或下载好视频素材。

导入素材：打开剪映应用，进入主界面，点击"开始创作"按钮，可以在手机相册中选择本地视频或照片素材，或是从素材库中选择需要的素材；然后点击"添加"按钮，将素材添加到剪映中。

基础剪辑：此时已进入剪辑工作页面，可以对主轨道上的视频片段进行分割、变速、裁剪等基础操作，以调整视频片段的顺序，控制视频的时长和节奏。

高级剪辑：如果想要创作出超出常规视角的画面效果，可以选择需要添加画中画的视频片段，点击底部的"画中画"功能，在画面中叠加其他素材。然后对画中画素材进行位置大小的调整与剪辑操作。

音频处理：对视频中的声音进行调整，包括关闭原声、降噪、音量调整、音频分离、增加音效等操作；如果需要添加背景音乐，可以点击底部的"音频"按钮，导入本地音乐或使用剪映内置的音乐，以增强短视频的听觉效果。

添加特效：为视频添加特效、转场与动画，以营造氛围，增强视频的艺术感和视觉效果。

调色：通过点击底部的"滤镜"与"调节"按钮可以为视频添加各种风格的色彩和视觉效果，还可以进行精细的色彩、亮度、色温的调整，以改变视频的质感与色调。

添加文字与贴纸：点击底部的"文字"按钮，在展开的文字栏中可以选择添加文字、识别字幕或添加贴纸等操作，为视频添加字幕、标题或贴纸等内容，增强视频的趣味性，并提供文字说明。

设置封面：点击视频轨道左侧的"设置封面"按钮，然后可以选择视频的某一帧或是从相册导入图片作为视频封面。

导出视频：完成短视频制作后，设置合适的格式和质量，然后点击"导出"按钮，即可将视频一键导出，保存到本机或直接发布在社交媒体平台。

3.7 实战："我的厨房日记"Vlog

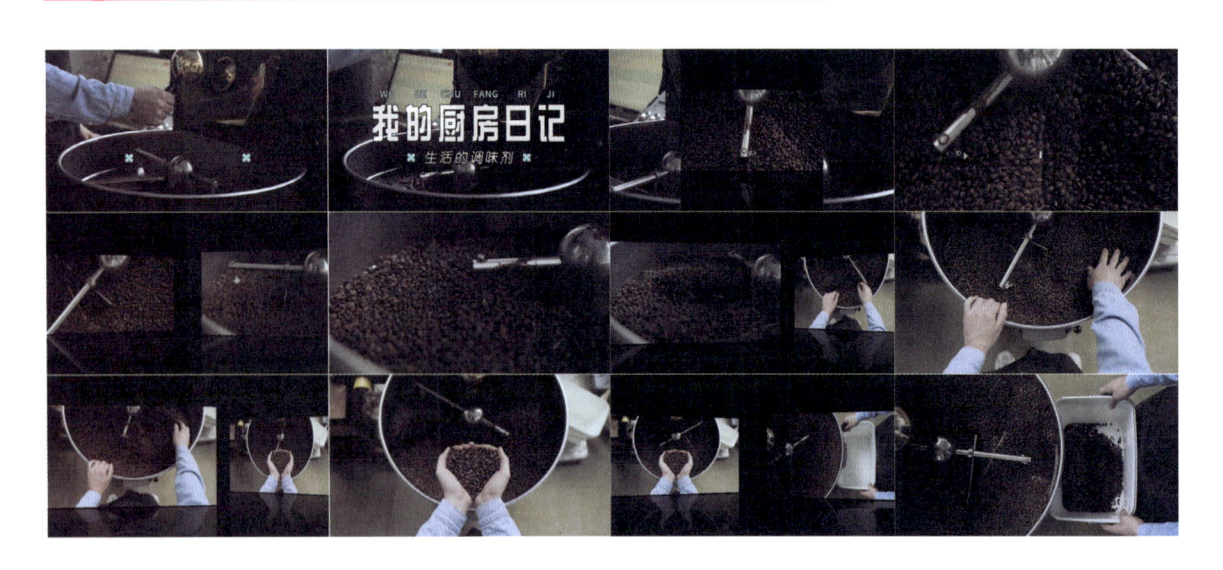

3.7.1 设计思路

案例类型：

本案例是一个美食类短视频，展示咖啡豆打磨过程的Vlog。

项目诉求：

视频的主要目标受众是对咖啡文化感兴趣的观众以及喜欢DIY咖啡的用户。视频需要展示咖啡豆打磨的细节和过程，传递咖啡制作的艺术感和仪式感。通过精心设计的画面和色彩搭配，可以营造出温暖、舒适和高雅的氛围，使观众对咖啡制作产生兴趣和共鸣。

设计定位：

本案例设计围绕"咖啡制作"主题展开，整体设计定位为温暖、自然和高雅的风格。使用咖啡豆、磨豆器等素材作为主要设计元素，配以柔和的色彩搭配方案，打造温馨、自然的视觉效果，突出咖啡制作的质感和细节，提升视频的吸引力，引发观众对咖啡文化的兴趣。

3.7.2 配色方案

主色：

本案例以咖啡色作为主色调，营造出温暖、自然的氛围。咖啡色的使用与咖啡豆打磨过程中的质感和颜色相呼应，能增强画面的协调性和统一感。

辅助色：

本案例使用黄色、蓝色等明亮色彩作为辅助色进行搭配。地面的黄色和磨豆器上的蓝色衣服在视频中作为背景和点缀色，能提升画面的层次感和视觉吸引力，营造出温馨和活力的氛围。

点缀色：

本案例采用白色和青绿色文字作为点缀色应用于包装和文字部分。白色和青绿色与咖啡色背景形成对比，使文字更加突出和引人注目，能提高信息的可读性和辨识度。

3.7.3 项目实战

步骤/01 将"01.mp4"素材文件导入剪映中。选择视频文件,设置视频文件的持续时间为4秒。接着将时间线滑动至4秒位置处,点击 ⊞(添加)按钮。

步骤/02 在弹出的素材面板中点击"照片视频",选择"02.mp4~06.mp4"素材文件。

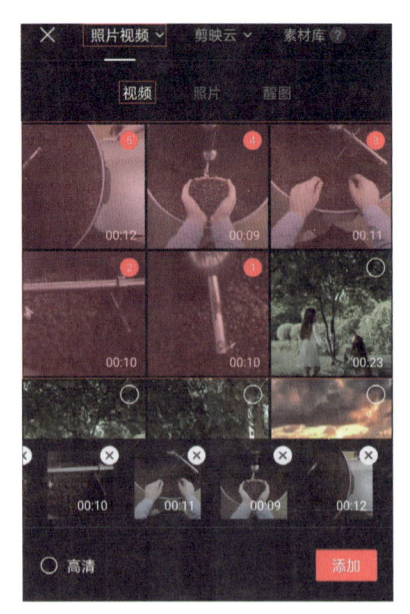

步骤/03 选择"02.mp4"素材文件,设置持续时间为4秒。

步骤/04 选择"03.mp4"素材文件,设置持续时间为4秒。

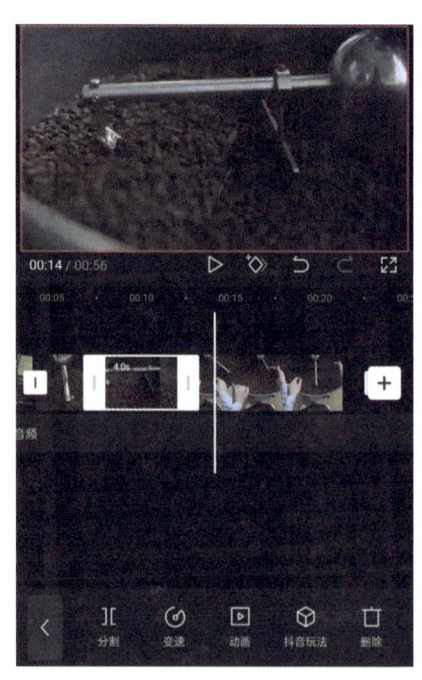

步骤/05 使用同样的方法,设置剩余视频文件的持续时间为4秒。

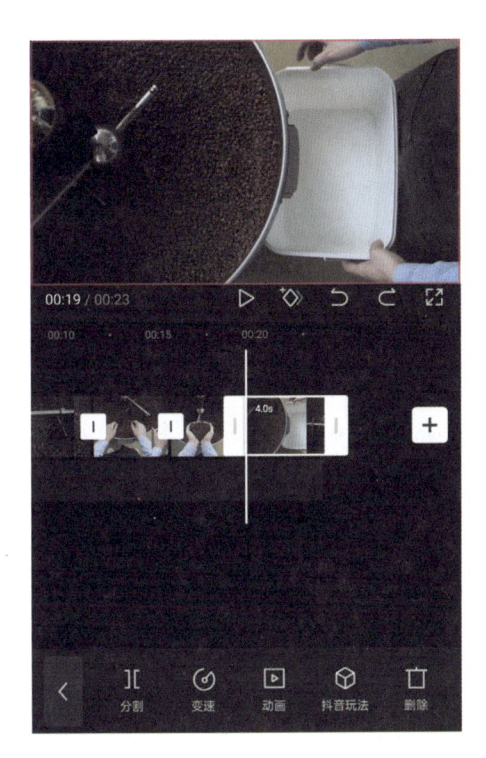

第3章 短视频剪辑

步骤/06 选择"01.mp4"素材文件与"02.mp4"素材文件,然后点击(转场)按钮。

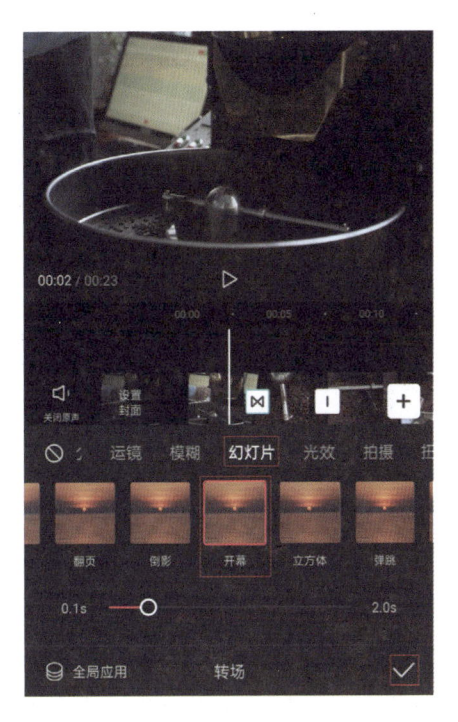

步骤/08 选择"02.mp4"素材文件与"03.mp4"素材文件,然后点击(转场)按钮。

步骤/07 在弹出的"转场"面板中,点击"幻灯片",选择"开幕"转场。

步骤/09 在弹出的"转场"面板中,点击"幻灯片",选择"倒影"转场。使用同样的方法,为剩余的视频添加"倒影"转场过渡效果。

47

步骤/10 将时间线滑动至起始时间位置处，在工具栏面板中点击"文字"，再点击"文字模板"工具。

步骤/11 在弹出的"文字模板"面板中点击"美食"，选择合适的模板。

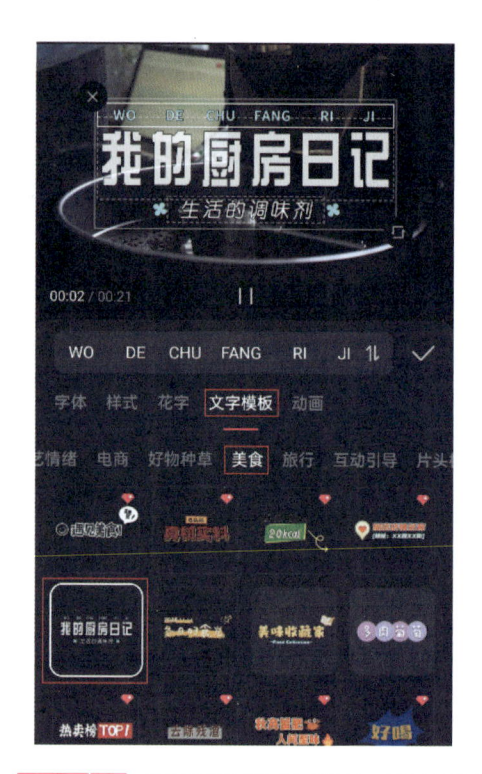

步骤/12 将时间线滑动至起始时间位置处，在工具栏面板中点击"音频"，再点击"音乐"工具。在弹出的"添加音乐"面板中，点击"美食"，在"美食"面板中选择合适的音频文件，然后点击"使用"按钮，并设置音频文件的结束时间与视频结束时间相同。

第 4 章

短视频调色与美化

短视频调色与美化是提升视觉效果和增强观众体验的重要手段。本章将深入探讨短视频中色彩的基本原理，包括色彩的属性、搭配方式及其对视频风格的影响。本章还将讲解调色的核心概念和基本流程，帮助读者理解调色的重要作用，并通过实际操作提升短视频的色彩表现力。通过对调色技术的学习，提升读者在短视频调色和美化方面的技巧和应用能力。

4.1 色彩原理

色彩在视觉传达中扮演着至关重要的角色，尤其在商业广告设计中更是不可或缺。色彩不仅能赋予品牌个性，还能传递特定的情感和意义。通过精心选择和搭配色彩，设计师能够更有效地展现品牌的独特形象，从而提高品牌的辨识度和记忆度。例如，为高端奢侈品牌选择深色调可以传达出优雅和高贵，而鲜艳的颜色则更适合年轻时尚的品牌。了解目标受众的心理和偏好，配合品牌的核心价值，制定合适的色彩方案，可以大大增强广告的吸引力和影响力。

4.1.1 色彩的基本属性

色彩是视觉传达的核心元素之一，它由光的反射产生，通过三原色（红、黄、蓝）的混合形成各种颜色。不同的色彩不仅能影响观者的情绪，还能加深品牌印象和提升广告的记忆点。每种颜色都有其独特的特性和情感联想。合理搭配色彩，可以唤起目标受众的不同情感和联想，从而增强广告的吸引力。

例如，食品相关的广告作品中经常会使用高饱和度的暖色调配色方案，以彰显食物的美味，同时勾起观者的食欲；以女性为主题的广告作品则会选用浪漫、妩媚的配色方案，所以说，色彩在广告中不仅仅是装饰，还是赋予广告灵魂的关键因素。

色彩的三要素是指色相、明度和纯度，任何色彩都具有这三大属性。通过色相、明度以及纯度的改变，可以影响色彩的距离、面积、冷暖属性等。

色相是色彩的首要特征，由原色、间色和复色构成，是色彩的基本相貌。从光学意义讲，色相的差异是由光波波长的长短造成的。

明度是指色彩的明亮程度，是彩色和非彩色的共有属性，通常用0～100%来度量。

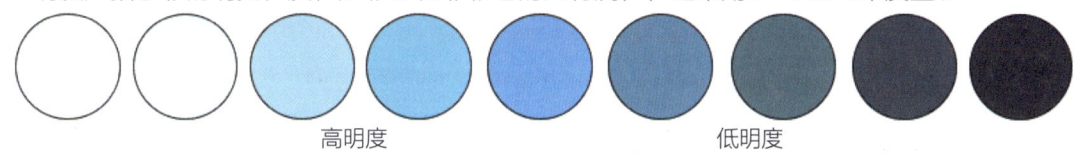

高明度　　　　　　　　　　　低明度

纯度是指色彩中所含有色成分的比例，比例越大，纯度越高，纯度也称为色彩的彩度。

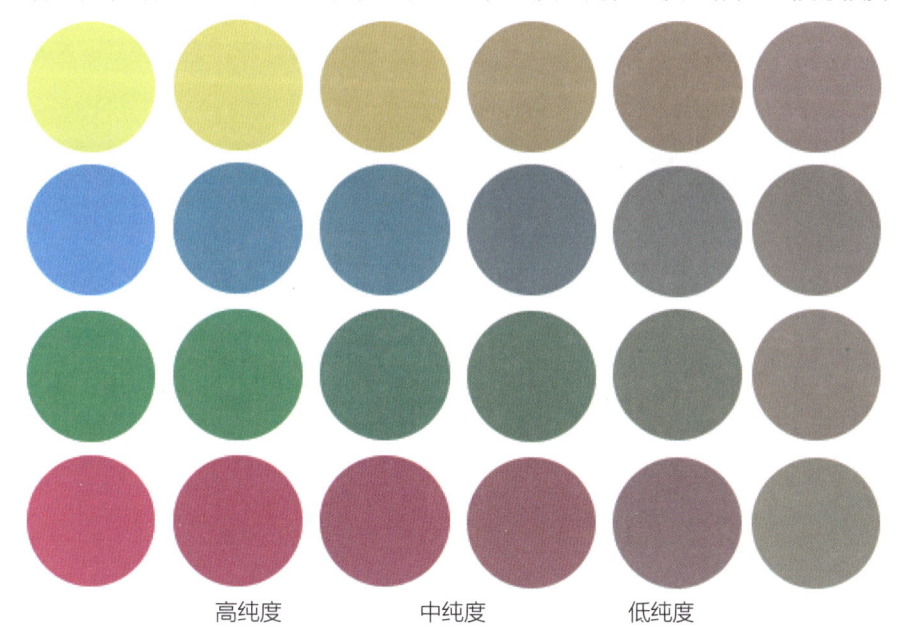

高纯度　　　中纯度　　　低纯度

色彩的冷暖属性也是广告设计中常用的技巧。暖色如红色、橙色、黄色，通常让人联想到温暖的太阳和丰收的果实，因此具有暖意。而冷色如蓝色、青色，则让人联想到清澈的天空和宁静的大海，带来冷静、沉着的感觉。

在视觉设计中，色彩还能产生视觉上的进退、凹凸、远近的不同感受。色相、明度会影响色彩的距离感，一般暖色调和高明度的色彩具有前进、凸出、接近的效果，而冷色调和低明度的色彩则具有后退、凹进、远离的效果。在画面中常利用色彩的这些特点来改变空间的大小和高低。

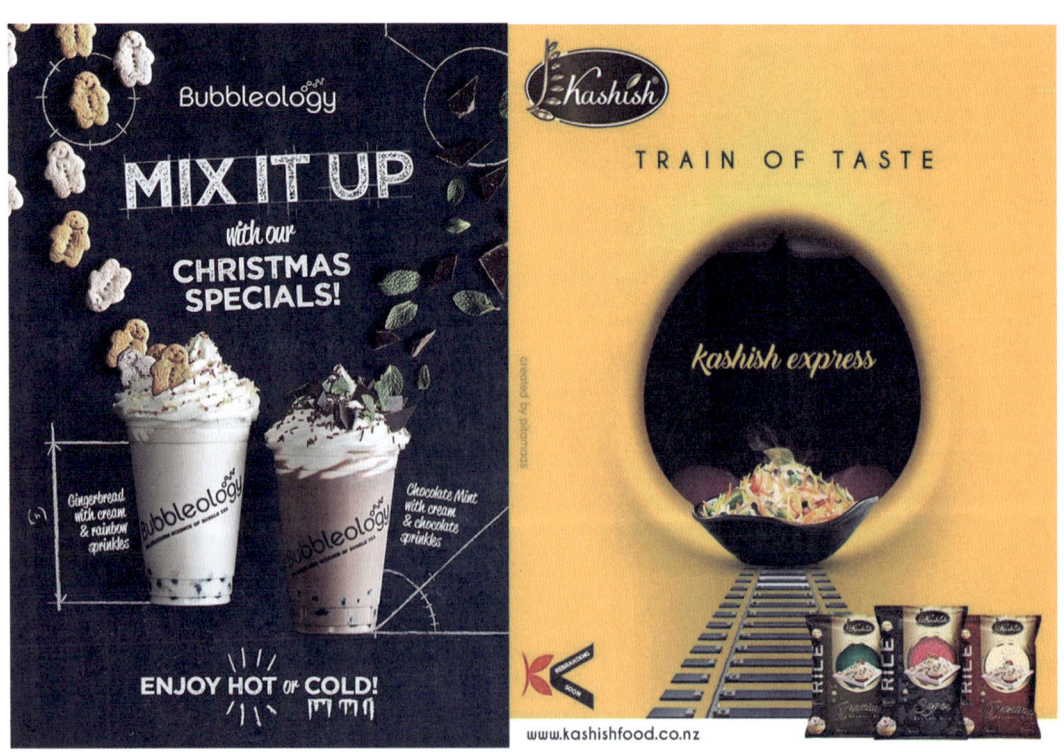

4.1.2 基础色

红色

含义：热情、力量、紧急、爱情、勇气。

情感联想：红色通常与强烈的情感相关，如爱、愤怒和兴奋。它可以增加心率，激发行动。

应用场景：常用于吸引注意力、促销活动、紧急通知等。例如，餐饮广告中常用红色来刺激食欲。

橙色

含义：活力、创造力、热情、友好、兴奋。

情感联想：橙色是充满活力和热情的颜色，能带来愉快和活泼的感觉，可以激发创意和行动。

应用场景：适用于娱乐、活动推广、食品饮料等需要传达活力和热情的广告。

黄色

含义：快乐、注意、乐观、能量、警示。

情感联想：黄色是最能引起注意的颜色之一，能带来愉快和温暖的感觉，但过多使用黄色可能会引发焦虑。

应用场景：用于促销广告、儿童产品、快餐连锁等需要吸引注意和传递欢乐的场合。

绿色

含义：自然、健康、成长、和平、清新。

情感联想：绿色让人联想到自然、生命和新鲜感，具有放松和恢复的效果。

应用场景：适合环保、健康、食品和保健品广告，传达健康、自然和环保的理念。

青色

含义：清新、科技、冷静、信任、创新。

情感联想：青色是一种介于绿色和蓝色之间的颜色，给人以清新、冷静和信任的感觉。它常与科技和创新联系在一起。

应用场景：常用于科技、医疗和环保等领域的广告，传递现代感和清新气息。例如，环保产品广告中常用青色来强调环保和自然。

蓝色

含义：信任、专业、冷静、智慧、稳定。

情感联想：蓝色给人一种平静、安心的感觉，常与信赖和安全感联系在一起。它能降低心率，带来冷静的效果。

应用场景：适用于科技、金融、健康等行业的广告，以体现可靠和专业的形象。

紫色

含义：奢华、创意、神秘、优雅、灵感。

情感联想：紫色与奢华和高贵相关，也能传达神秘感和创造力，常用于突出独特性和优雅气质。

应用场景：用于美容、奢侈品、创意产业的广告，传递独特、高贵和创意的形象。

灰色

含义：中立、平衡、专业、稳重、成熟。

情感联想：灰色是一种中立的颜色，给人以稳重、成熟和专业的感觉，能够带来平衡和冷静的效果。

应用场景：适用于企业、科技、法律等领域的广告，传递专业、可靠和成熟的形象。灰色在背景中使用，能突出其他颜色的元素。

黑色

含义：高端、正式、力量、神秘、严肃。

情感联想：黑色常与权威、高级和奢华联系在一起，也能传递神秘感和严肃性。

应用场景：用于奢侈品、时尚、科技产品的广告，强调高端和专业。

白色

含义：纯洁、简单、清新、和平、空白。

情感联想：白色象征纯洁和简约，给人清新、干净的感觉，通常用于表达简单和纯粹。

应用场景：广泛用于各类广告，特别是在医疗、科技等领域，强调纯洁和清新。

4.1.3 主色、辅助色和点缀色

在一幅画面中，色彩根据主次分为主色、辅助色和点缀色。通常主色决定广告画面色彩的总体倾向，而辅助色和点缀色将围绕主色展开搭配设计。

主色：主色是广告设计中最主要的颜色，通常用于大面积的背景、主要图形和重要元素上。它是品牌的主要色调，能够迅速传达品牌的核心特征和情感。

辅助色：辅助色用于补充主色，增加视觉层次感和丰富性。它们通常用于次要的图形元素、背景细节或文字部分，以支持和突出主色。

点缀色：点缀色用于设计中的小面积区域，以引起注意或强调特定信息。它们通常是鲜艳的对比色，用于按钮、标语或促销信息等地方，能够迅速吸引观众的视线。

4.1.4 色彩搭配方式

色彩搭配是视觉设计中的重要环节，通过不同颜色的组合，可以产生各种视觉效果。色彩的对比是指两种或多种颜色在一起时，相互影响所产生的视觉差异。常见的色彩对比类型包括同类色对比、邻近色对比、类似色对比、对比色对比和互补色对比。

1. 同类色对比

同类色对比是指在色相环中，色相相隔很近的两种颜色。

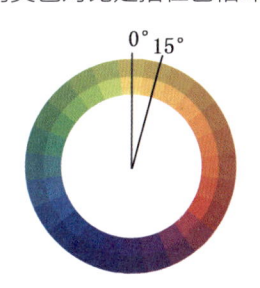

- 同类色对比极其微弱，给人的感觉是单纯、柔和的，无论总的色相倾向是否鲜明，整体的色彩基调都是很容易统一协调的。

亮丽

时尚

协调

积极

2. 邻近色对比

邻近色是指在色相环中，相隔30°左右的两种颜色。

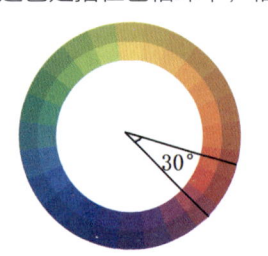

- 两种颜色组合搭配在一起，可以让整体画面显得协调统一。
- 如红、橙、黄以及蓝、绿、紫都分别属于邻近色的范围。

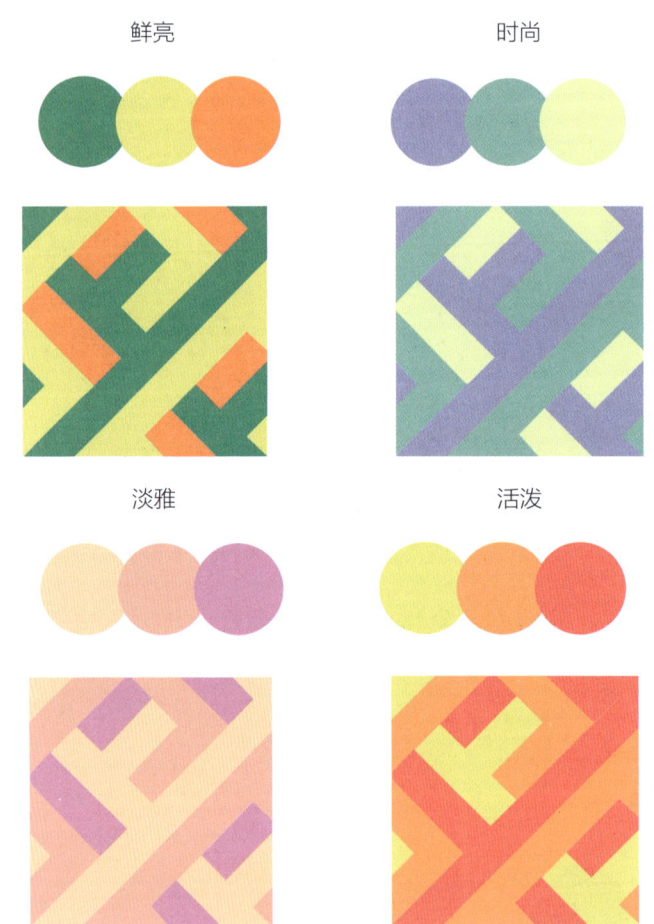

鲜亮

时尚

淡雅

活泼

3. 类似色对比

在色相环中，相隔60°左右的颜色称为类似色。

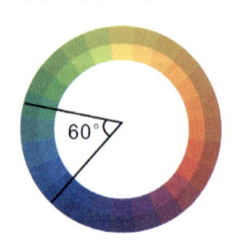

- 例如红和橙、黄和绿等均为类似色。
- 类似色由于色相对比不强烈，给人一种舒适、和谐且不单调的感觉。

温馨　　　　　　　　　和谐

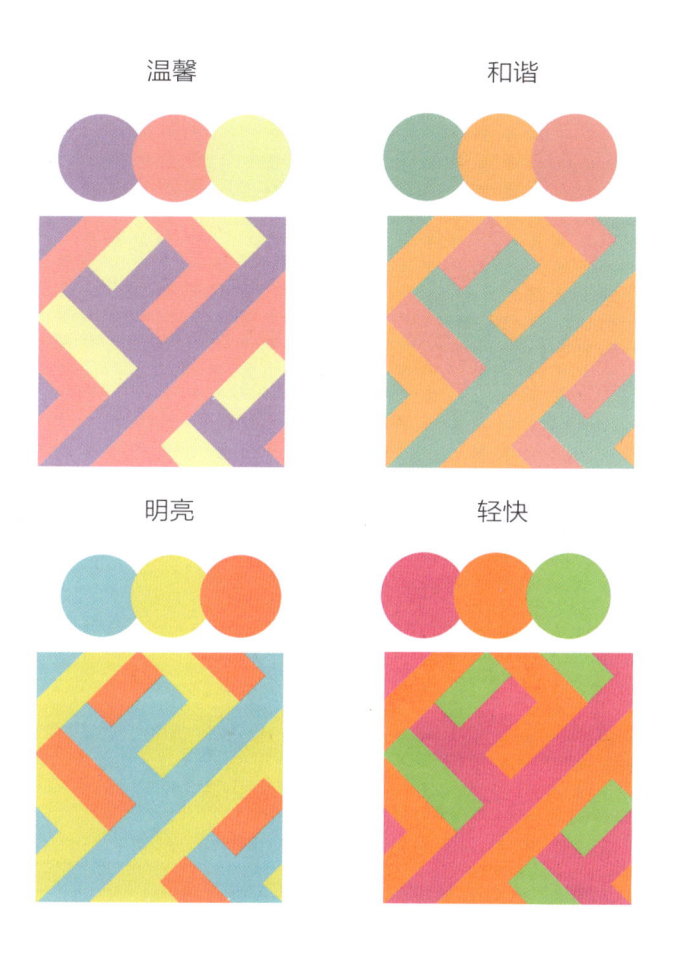

明亮　　　　　　　　　轻快

4. 对比色对比

当两种或两种以上色相之间的色彩处于色相环120°~150°范围时，属于对比色关系。

- 如橙与紫、黄与蓝等色组，对比色给人一种强烈、明快、醒目且具有冲击力的感觉，容易引起视觉疲劳和精神亢奋。

活力　　　　　　　　　强烈

明快　　　　　　　　　　　醒目

5. 互补色对比

在色相环中，相差约180°的颜色为互补色。

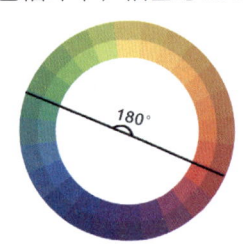

- 这样的色彩搭配可以产生最强烈的刺激作用，对人的视觉具有最强烈的吸引力。
- 互补色对比的效果最为强烈、刺激，属于最强对比，如红与绿、黄与紫、蓝与橙。

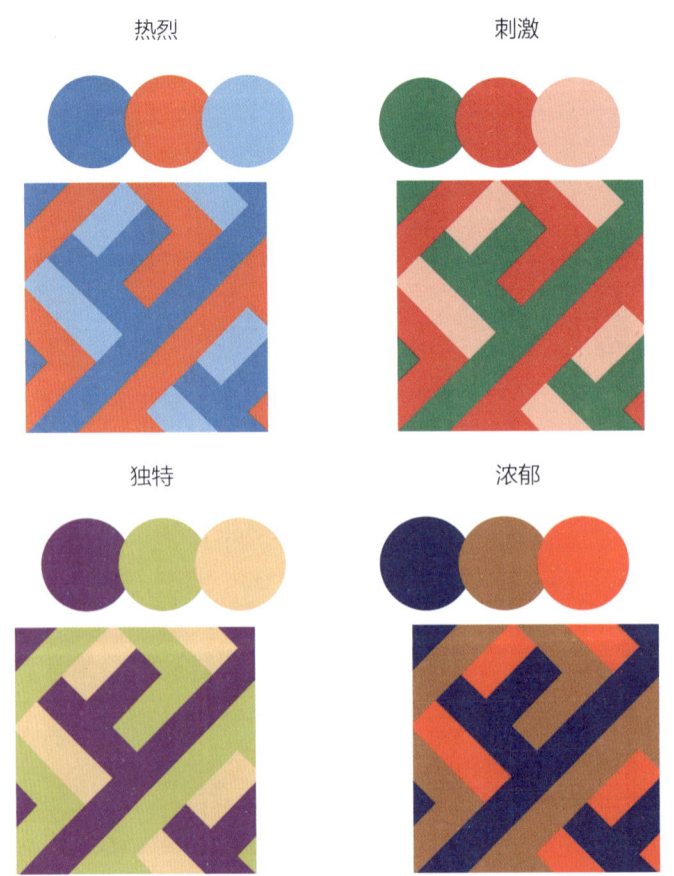

热烈　　　　　　　　　　　刺激

独特　　　　　　　　　　　浓郁

在实际设计中,色彩对比的角度和效果并不是固定的。例如,虽然色相环上相差15°的色彩被称为同类色对比,相差30°的色彩为邻近色对比,但相差20°的色彩对比往往介于两者之间,实际感受可能非常接近。理解这些对比类型时,不必死记硬背具体角度,更要注重实际效果和感受,通过不断实践来掌握色彩搭配的艺术。

4.1.5 色彩风格

色彩风格与视觉表现通过选择和调整色彩,为视频赋予特定的视觉效果和情感氛围。不同的色彩风格会引发不同的观众体验和情感反应。

复古风格:模拟过去年代的色彩效果,通常使用柔和的色调和轻微的色彩褪色效果。复古风格常见的有老电影风格或怀旧色调。

特点:温暖的棕色、黄色和橙色调,常带有颗粒感和轻微的褪色效果。

清新风格:强调自然和清新的色彩,通常使用大量的绿色和蓝色。

特点:明亮的绿色、清新的蓝色和柔和的黄色,营造出自然、舒适的视觉感受。

电影色调:模拟电影画面的色彩效果,注重细节和色彩的层次感。

特点:中性色调为主,常通过调色来增强阴影和高光的对比,呈现出深邃和戏剧性的效果。

高饱和风格:增强色彩的饱和度,使画面色彩更加鲜艳和引人注目。

特点:色彩明亮、对比强烈,常用于营造活力和动感的视觉效果。

梦幻风格:通过柔和的色彩和光影效果,营造出梦幻和虚幻的视觉效果。

特点:使用柔和的色彩渐变、光晕效果以及较低的对比度,创造出梦境般的感觉。

浪漫风格：通过柔美的色彩和细腻的细节，营造出温馨、浪漫的氛围。

特点：使用柔和的色调、细腻的光影以及细致的纹理，再结合柔光和温暖的色彩，传达浪漫和梦幻的情感。

黑白风格：去除所有色彩，仅使用黑白灰的色调，突出形状和对比。

特点：强烈的对比和细腻的灰阶，通常用来突出质感和视觉冲击力。

4.2 调色与色彩修正

在短视频制作中，调色不仅是为了让画面美观，更是为了提升视频的整体质量和表达特定的情感和主题。色彩的调整能显著影响观众的观看体验和对内容的理解，因此在后期制作中显得尤为重要。

4.2.1 为什么要调色

调色是视频制作中的重要环节，通过调整色彩可以强化情感表达、统一视觉风格、提升视觉吸引力、修正拍摄问题以及强调主题和风格。它不仅能通过色彩传递情感，统一素材色调，还能改善视觉效果，确保视频的整体一致性和专业性，同时突出视频的主题风格。

1．强化情感表达

调色是表达情感和营造氛围的重要手段。例如，冷色调（如蓝色和绿色）常用于表现孤独或神秘的感觉，而暖色调（如红色和橙色）则可以营造出温暖和活力。通过合理的色彩调整，创作者能够更好地传递视频中的情感，让观众感同身受。

2. 统一视觉风格

不同的拍摄条件和设备可能导致视频素材的色彩不一致。通过调色可以统一视觉风格，使所有素材在色彩上保持一致，增强视频的整体感和连贯性。这样可以让视频看起来更专业，也更具有吸引力。

3. 提升视觉吸引力

色彩对观众的第一印象至关重要。通过合理的调色，可以让画面更加生动，突出重点，让观众的视觉体验更佳。调整对比度、饱和度和亮度等色彩参数，可以使视频更具层次感和视觉冲击力。

4. 修正拍摄问题

拍摄时，光线不足或色温不准确是常见的问题。调色能够帮助创作者修正这些缺陷，使画面色彩更自然、真实。例如，通过调整色温和色调，可以修复因光线不足导致的色彩偏差。

5. 强调主题和风格

调色还可以用来突出视频的主题和风格。比如，怀旧风格的视频可能会使用复古的色调，而现代时尚的视频则可能选择冷色调和高对比度。通过色彩调整，创作者可以更好地表达视频的主题，符合观众的审美预期。

4.2.2 调色的基本思路

调色的基本思路包括理解色彩理论，明确色彩目标，使用基础调色工具进行初步调整，应用色彩分级技术以增强画面深度，利用调色模板实现特定效果，并进行细节调整以确保色彩自然和细腻。这些步骤有助于实现准确且符合创作意图的色彩效果。

1. 理解色彩理论

调色的基础是色彩理论。理解色彩的基本属性（如色相、饱和度、亮度）以及它们之间的关系，可以帮助创作者进行更准确的色彩调整。色轮是色彩理论的工具，它可以帮助创作者理解如何通过调节颜色的对比度和搭配来实现期望的视觉效果。

2. 明确色彩目标

在开始调色之前，需要明确视频的色彩目标。这包括确定视频的整体风格、情感基调和观众的期望。例如，创作者需要决定是否使用冷暖色调的对比，或是突出某些颜色。这将指导后续的调色工作。

3. 使用基础调色工具

大多数视频编辑软件都提供了基础调色工具，如色温、对比度、亮度和饱和度。使用这些工具可以进行初步的色彩调整，修正拍摄中的问题。例如，调整色温可以修复色彩偏冷或偏暖的问题，调整对比度可以增强画面的层次感。

4. 应用色彩分级

色彩分级是一种更高级的调色技术，通过色彩分级工具可以分别调整视频中的高光、中间调和阴影区域的颜色。这种方法可以让不同亮度区域的颜色保持一致，同时增加画面的深度和立体感。例如，增加阴影部分的饱和度可以让黑暗区域的细节更清晰。

5. 使用调色模板

预设的色彩调整模板，可以快速应用于视频素材中。使用色彩调整模板可以实现特定的色彩效果，比如复古风格或电影效果。选择合适的色彩调整模板，并根据需要进行微调，可以节省调色时间，同时保持效果的一致性。

6. 细节调整

基础调色完成后，细节调整也是必不可少的。这包括检查色彩均衡性，修正色彩溢出和过度饱和的问题。细节调整可以确保色彩效果自然且细腻，使视频呈现最佳视觉效果。

4.3 实战：清冷调色

4.3.1 设计思路

案例类型：

本案例是一个关于两只鹦鹉的短视频，通过调色工具调整画面，使其呈现蓝色系的冷色调。

项目诉求：

视频的主要目标受众是喜欢自然、动物和美学的观众。视频需要通过调色后的画面，突出鹦鹉的细腻羽毛质感和自然环境的静谧氛围。通过冷色调的使用，视频要传递出一种清冷、宁静和优雅的感觉，使观众对视频内容产生兴趣和共鸣。

设计定位：

本案例设计围绕"清冷调色"主题展开，整体设计定位为冷静、清新和优雅的风格。使用浅灰蓝绿色作为主色调，配合鹦鹉的蓝色羽毛和咖啡色木桩，以及橙黄色点缀，打造出色彩和谐、层次分明的视觉效果，突出鹦鹉的美丽和自然环境的静谧，提升视频的吸引力和观赏性。

4.3.2 配色方案

主色：

本案例以浅灰蓝绿色作为主色调，营造出清冷、宁静的氛围，突出了电影质感的氛围。浅灰蓝绿色的使用使画面整体显得柔和而高雅，突出鹦鹉的主体形象和细腻羽毛质感。

辅助色：

本案例使用鹦鹉的蓝色羽毛和木桩的咖啡色作为辅助色进行搭配。蓝色和咖啡色的结合，提升了画面的层次感和视觉吸引力，营造出自然和谐的氛围，突显鹦鹉的美丽和自然环境的真实感。

点缀色：

本案例采用鹦鹉的嘴巴和部分羽毛的橙黄色作为点缀色。橙黄色的使用为画面增添了一抹亮色，与冷色调背景形成鲜明对比，使画面更加生动和有趣，提高信息的可读性和辨识度。

4.3.3 项目实战

步骤/01 将"01.mp4"素材文件导入剪映中，选择视频文件，调整画面颜色。

步骤/02 在工具栏面板中点击"调节"工具。

步骤/03 在弹出的"调节"面板中,点击"亮度",设置"亮度"为-15。

步骤/04 点击"对比度",设置"对比度"为-21。

步骤/05 点击"饱和度",设置"饱和度"为5。

步骤/06 点击"光感",设置"光感"为25。

步骤/07 点击"锐化",设置"锐化"为35。

步骤/09 点击"高光",设置"高光"为-45。

步骤/08 点击HSL,再点击"绿色通道",设置"色相"为100,"饱和度"为-55,"亮度"为50。

步骤/10 点击"阴影",设置"阴影"为-15。

步骤/11 点击"色温",设置"色温"为-25。　　步骤/12 点击"色调",设置"色调"为-17。

4.4 实战：蓝灰调色

4.4.1 设计思路

案例类型：

本案例是一个关于企鹅在海滩上行走的短视频，通过调色工具将画面调整为蓝灰色调，赋予其复古质感和电影质感。

项目诉求：

视频的主要目标受众是喜欢自然和野生动物的观众。视频需要通过调色后的蓝灰色调，传递出厚重、沉静的氛围，突出企鹅的自然行为和海滩的美丽景色。通过这种色调的处理，视频要表达一种宁静、深邃和复古的感觉，使观众对视频内容产生兴趣和共鸣。

设计定位：

本案例设计围绕"蓝灰调色"主题展开，整体设计定位为复古、电影质感和厚重感。使用蓝灰色作为主色调，配合海滩反射的夕阳的复古橙色，以及浅紫色文字的点缀，打造出色彩和谐、层次分明的视觉效果，突出企鹅和自然环境的美丽，提升视频的吸引力和观赏性。

4.4.2 配色方案

主色：

本案例以蓝灰色作为主色调，营造出厚重、沉静的氛围。蓝灰色的使用使画面整体显得冷静而优雅，突出企鹅的主体形象和海滩的自然美景。

辅助色：

本案例使用海滩反射的夕阳的复古橙色作为辅助色进行搭配。复古橙色的结合，提升了画面的层次感和视觉吸引力，营造出温暖和谐的氛围，突显海滩的美丽和自然景色。

点缀色：

本案例采用浅紫色文字作为点缀色。浅紫色的使用为画面增添了一抹亮色，与蓝灰色背景形成鲜明对比，使文字更加突出和引人注目，提高了信息的可读性和辨识度。

4.4.3 项目实战

步骤/01 将"1.mp4"素材文件导入剪映中,调整画面颜色。

步骤/02 在工具栏面板中点击"滤镜"工具。

步骤/03 在"滤镜"面板中点击"影视级",再点击"黑豹",设置滤镜强度为100。

步骤/04 将时间线滑动至起始时间位置处,在工具栏面板中点击"贴纸"工具。

步骤/05 在搜索栏中搜索"分享文字",选

择合适的贴纸。

步骤/06 在时间轴面板中选择贴纸,接着在工具栏面板中点击"动画"工具。

步骤/07 在弹出的"贴纸动画"面板中,点击"入场动画",选择"弹入"动画效果。

步骤/08 点击"出场动画",选择"弹簧"动画效果。

步骤/09 将时间线滑动至起始时间位置处,在工具栏面板中点击"音频",再点击"音乐"工具。

用"按钮。最后剪辑并删除音频的后半部分,让音频与视频时长一致。

步骤/10 在弹出的"添加音乐"面板中点击"萌宠",接着选择合适的音频文件,点击"使

4.5 实战:唯美调色

4.5.1 设计思路

案例类型:
本案例是一个女士在高山前伸开双臂拥抱大自然的短视频,通过调色工具将画面调整为梦幻浪漫

的紫色和蓝色调，营造出对比鲜明的视觉效果。

项目诉求：

视频的主要目标受众是喜欢自然、浪漫和梦幻场景的观众。视频需要通过色调的对比，从暗淡到梦幻的转换，传递出自由、放松和愉悦的感觉，突出人与自然和谐相处的美好瞬间。通过这种色调的处理，视频要表达出一种浪漫、唯美的情感，引发观众的共鸣和向往。

设计定位：

本案例设计围绕"唯美调色"主题展开，整体设计定位为梦幻、浪漫和唯美的风格。使用浅紫色作为主色调，配合暗色调的辅助色，以及白色的梦幻光斑特效点缀，打造出色彩丰富、对比鲜明的视觉效果，突出女士与自然的和谐美，提升视频的吸引力和观赏性。

4.5.2　配色方案

主色：

本案例以浅紫色作为主色调，营造出梦幻浪漫的氛围。浅紫色的使用使画面整体显得柔和、唯美，突出女士的主体形象和高山的壮丽景色。

辅助色：

本案例使用几种暗色调作为辅助色，包括远处大山的蓝色、近处植物的深绿色和人物剪影的黑色。这些辅助色提升了画面的层次感和视觉吸引力，营造出一种神秘、厚重的氛围，突显自然景色的多样性和深度。

点缀色：

本案例采用白色的梦幻光斑特效作为点缀色。白色光斑的使用为画面增添了一抹亮色，与浅紫色背景形成鲜明对比，使特效更加突出和引人注目，提高画面的梦幻感和视觉冲击力。

4.5.3　项目实战

步骤/01 将"01.mp4"素材文件导入剪映中，选择视频文件，调整画面颜色。

步骤/03 在弹出的面板中，点击"曲线变速"。

步骤/02 在时间轴面板中选择视频文件，在工具栏面板中点击"变速"工具。

步骤/04 在弹出的"曲线变速"面板中点击"自定"。

步骤/05 在弹出的"自定"面板中,添加锚点并设置合适的速率动画。

步骤/07 选择时间线后方的视频文件,在工具栏面板中点击"删除"工具。

步骤/06 将时间线滑动至13秒17帧位置处,在时间轴面板中选择视频文件,在工具栏面板中点击"分割"工具。

步骤/08 点击时间轴面板中的空白区域,在工具栏面板中点击"调节"工具。

步骤/09 在弹出的"调节"面板中点击"亮度"后，点击✓（确定）按钮。

步骤/10 将调节图层起始时间拖曳到2秒01帧位置处，并将时间线滑动至2秒04帧位置处，点击◇（添加关键帧）按钮。

步骤/11 将时间线滑动至4秒03帧位置处，接着点击◇（添加关键帧）按钮。在工具栏面板中点击"编辑"工具。

步骤/12 在弹出的"调节"面板中点击"亮度"，设置"亮度"为8。

第4章　短视频调色与美化

步骤/13 点击"对比度",设置"对比度"为6。

步骤/14 点击"饱和度",设置"饱和度"为50。

步骤/15 点击"光感",设置"光感"为15。

步骤/16 点击"锐化",设置"锐化"为11。

75

步骤/17 点击HSL，在弹出的HSL面板中点击红色通道，设置"饱和度"为25。

步骤/18 点击紫色通道，设置"色相"为-15，"饱和度"为25，"亮度"为25。

步骤/19 点击"曲线"，在弹出的"曲线"面板中点击添加一个锚点，并向左上角拖曳。接着再次添加一个锚点，向右下角拖曳。

步骤/20 点击红色通道，再点击添加一个锚点，并向左上角拖曳。接着再次添加一个锚点，向右下角拖曳。

步骤/21 点击绿色通道,再点击添加一个锚点,并向右下角拖曳到合适的位置处。接着点击"收缩"按钮。

步骤/22 点击"高光",设置"高光"为7。

步骤/23 点击"阴影",设置"阴影"为-5。

步骤/24 点击"色温",设置"色温"为36。

步骤 25 点击"色调",设置"色调"为50。

步骤 26 点击"暗角",设置"暗角"为20。设置完成后点击 ✓（确定）按钮。

步骤 27 点击时间轴面板空白位置处,将时间线滑动至起始时间位置处,在工具栏面板中点击"特效"工具。

步骤 28 在弹出的面板中,点击"画面特效"。

步骤/29 在弹出的特效面板中,点击"基础",选择"变清晰II"特效。

步骤/30 在时间轴面板中设置该特效的结束时间为1秒25帧。

步骤/31 将时间线滑动至1秒27帧位置处,点击"画面特效"。

步骤/32 在弹出的面板中点击Bling,选择"星光闪耀"特效。

步骤/33 设置"星光闪耀"特效的结束时间与视频结束时间相同。

步骤/34 点击时间轴面板空白位置处，将时间线滑动至起始时间位置处，在工具栏面板中点击"音频"。

步骤/35 点击"音乐"工具。

步骤/36 在弹出的"添加音乐"面板中，点击"抖音"。

步骤/37 选择合适的音频文件，点击"使用"按钮。最后剪辑并删除音频的后半部分，让音频与视频时长一致。

4.6 实战：明亮风景滤镜

4.6.1 设计思路

案例类型：

本案例是一个自然风景短视频，通过调色工具将原本色彩不够清澈干净的画面调整为明亮的风景效果，增强画面的视觉吸引力。

项目诉求：

视频的主要目标受众是热爱自然风景和户外活动的观众。视频需要通过色彩调整，呈现出清晰、明亮的画面效果，突显自然景观的美丽与生机。通过这种调色处理，视频要表达出一种清新、明亮的视觉体验，引发观众对大自然的向往和喜爱。

设计定位：

本案例设计围绕"明亮风景滤镜"主题展开，整体设计定位为清新、明亮和自然的风格。使用奔涌河流的白色和天空的白色作为主色调，配合石头和水的低饱和度浊色，以及树木的绿色、红色、黄色作为点缀，打造出色彩鲜明、层次丰富的视觉效果，突出自然风景的美丽，提升视频的观赏性。

4.6.2 配色方案

主色：

本案例以奔涌河流的白色和天空的白色作为主色调，这些颜色带有一点点的灰蓝色，呈现出清新、明亮的视觉效果，使画面整体显得纯净和充满活力。

辅助色：

本案例使用石头和水的暗色作为辅助色，这些颜色呈现为低饱和度的浊色，增加了画面的层次感和真实感，突出自然景观的细节和质感。

点缀色：

本案例采用树木的绿色、红色、黄色作为点缀色。这些鲜艳的颜色在画面中起到了画龙点睛的作用，使画面更加生动和丰富，增强视觉吸引力。

4.6.3 项目实战

步骤/01 将"01.mp4"素材文件导入剪映中。调整画面中素材文件颜色。

步骤/02 选择素材文件，在工具栏面板中点击"滤镜"工具。

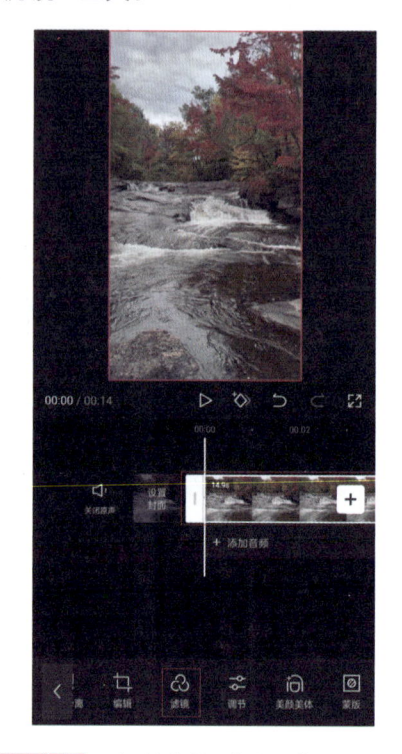

步骤/03 在弹出的"滤镜"面板中，点击"户外"，再点击"盐岚"滤镜。接着设置滤镜强度为100。

步骤/04 将时间线滑动至起始时间位置处，在工具栏面板中点击"文字"，再点击"文字模板"工具。

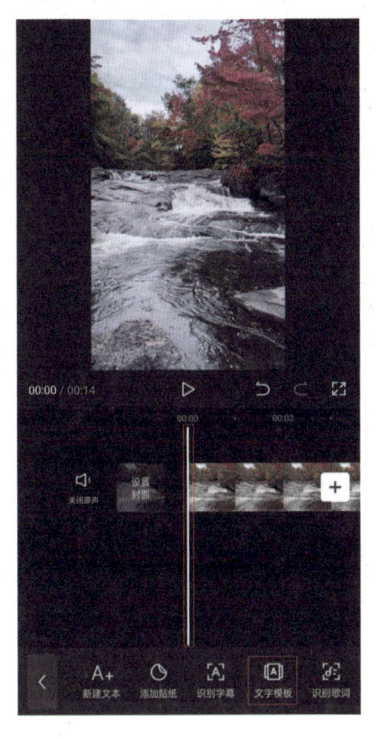

步骤/05 在弹出的"文字模板"面板中点击"旅行"，并选择合适的文字模板。

步骤/06 选择文字模板后，在播放面板中将文字模板移动至合适的位置处。

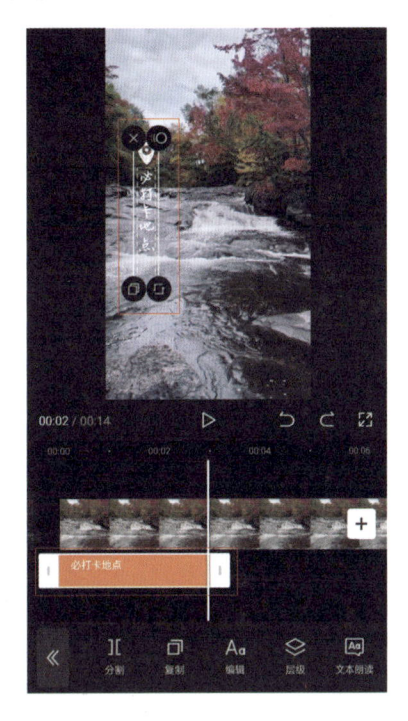

步骤/07 将时间线滑动至起始时间位置处，在工具栏面板中点击"音频"，再点击"音乐"工具。

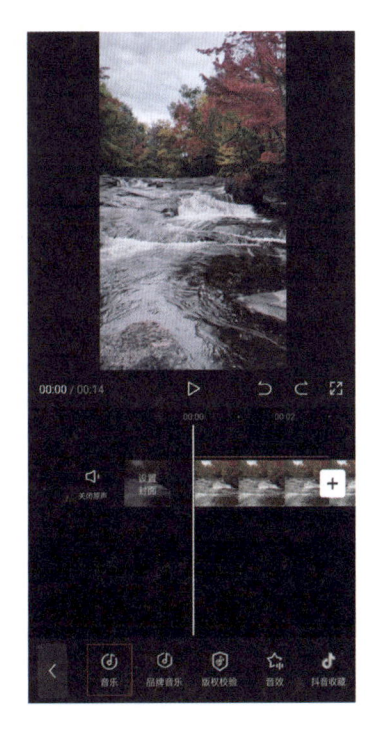

步骤/08 在"添加音乐"面板中点击搜索栏，搜索"Have a good day"，选择合适的音频文件，点击"使用"按钮。最后剪辑并删除音频的后半部分，让音频与视频时长一致。

读书笔记

第 5 章

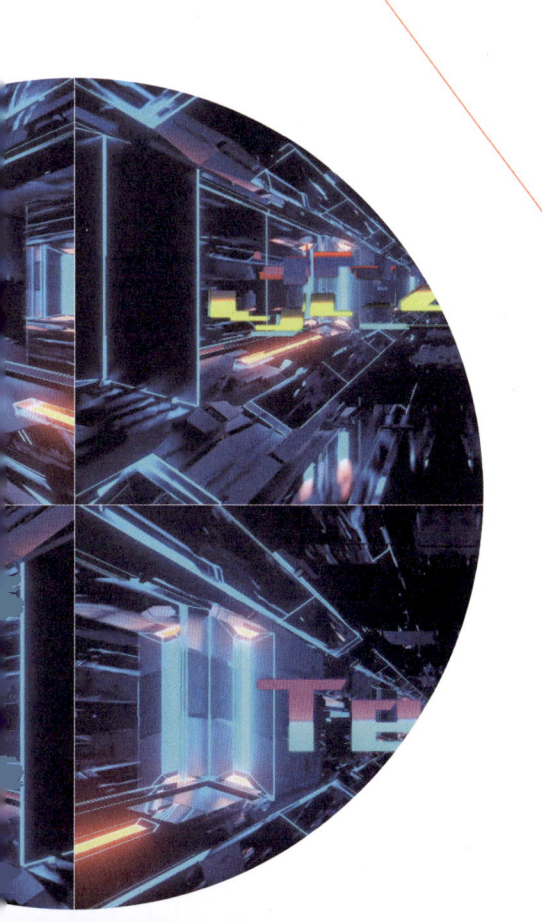

文字、特效和动画

在短视频创作中，文字与特效是提升内容表现力和观众吸引力的关键元素。本章将详细介绍文字与特效在短视频中的应用，包括文字的设计原则和动态效果，以及各种特效的类型和应用方法。通过对相关项目的分析和实战操作，帮助读者掌握如何有效地运用文字与特效，提高短视频创作的视觉和情感表现力。

5.1 文字

短视频中的文字不仅传递信息，还增强视觉效果和情感表达。通过动态效果和创意字体，文字能有效地吸引观众并提升内容的趣味性。

5.1.1 文字在视频中的作用

文字在视频中不仅帮助观众理解关键信息，还能通过标题、字幕和说明增强故事的表达。

传达信息：文字可以清晰地传达重要信息，如标题、字幕和说明，帮助观众理解视频内容。

补充画面：文字补充了画面中的信息，增强了叙事效果，使内容更全面。

突出重点：通过文字，可以突出视频中的关键点和重要场景，确保观众注意到核心内容。

增强视觉吸引力：设计独特的文字风格和动画可提升视频的视觉效果，增强观众的观看兴趣。

创建品牌形象：文字的风格和设计可以建立视频的品牌个性，强化品牌记忆。

5.1.2 文字的设计原则

设计文字时应确保其风格与视频内容一致，同时注意文字的可读性和视觉效果。

可读性：选择清晰、易读的字体和适当的大小，确保观众可以轻松阅读文字。

一致性：文字风格应与视频的整体风格和主题相匹配，保持视觉上的一致性。

对比度：确保文字颜色与背景之间有足够的对比度，以增强可见性。

简洁性：保持文字布局和动画的简洁，避免过度装饰，以免分散观众的注意力。

功能性：文字的设计应服务于视频的叙事和信息传达，不仅要美观，还要实用。

5.1.3 动态文字效果

动态文字是短视频中常用的一种视觉效果，用于增强信息传递的效果和观众的视觉体验。动态文字可以通过多种方式进行表现，包括动态文字内容、动态文字颜色或纹理、动态文字位置和动态文字特效等。

动态文字内容：指的是文字的内容在视频播放过程中不断变化。这种效果可以通过逐字、逐词或逐行的方式呈现，增强了文字的节奏感和趣味性，能使观众在阅读时保持注意力。

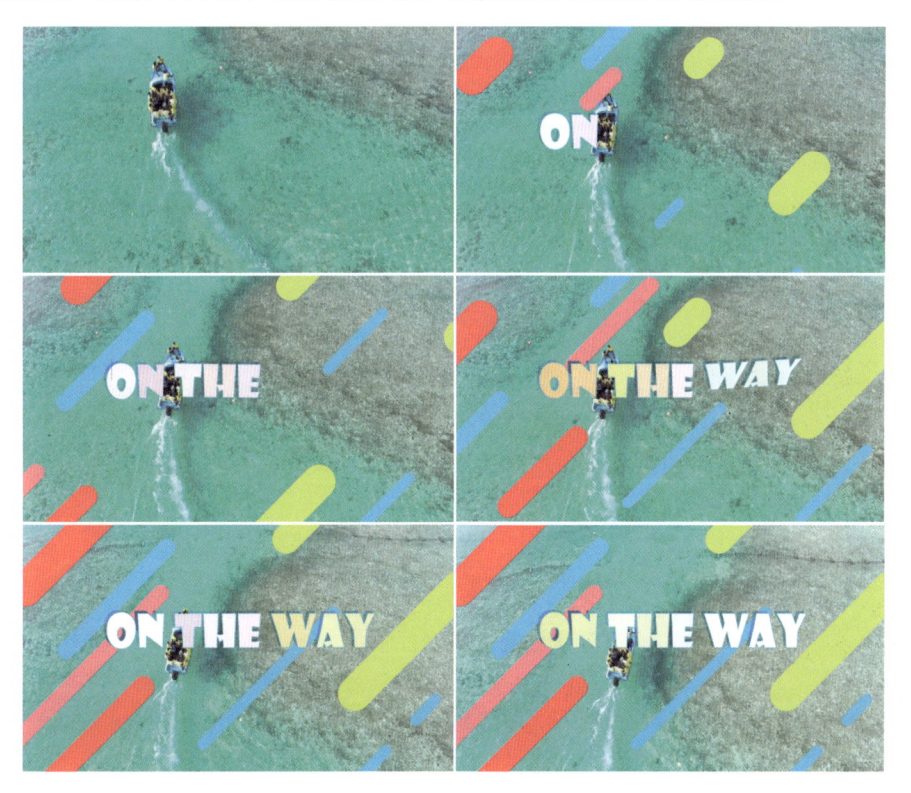

动态文字颜色或纹理：是指文字的颜色在视频播放过程中不断变化。这种效果可以通过渐变、闪烁或颜色替换等方式呈现，使文字更加醒目和富有视觉冲击力。

动态文字位置：是指文字在视频播放过程中不断移动。这种效果可以通过文字的滑动、旋转、放大和缩小等方式呈现，能增加画面的动感和层次感。

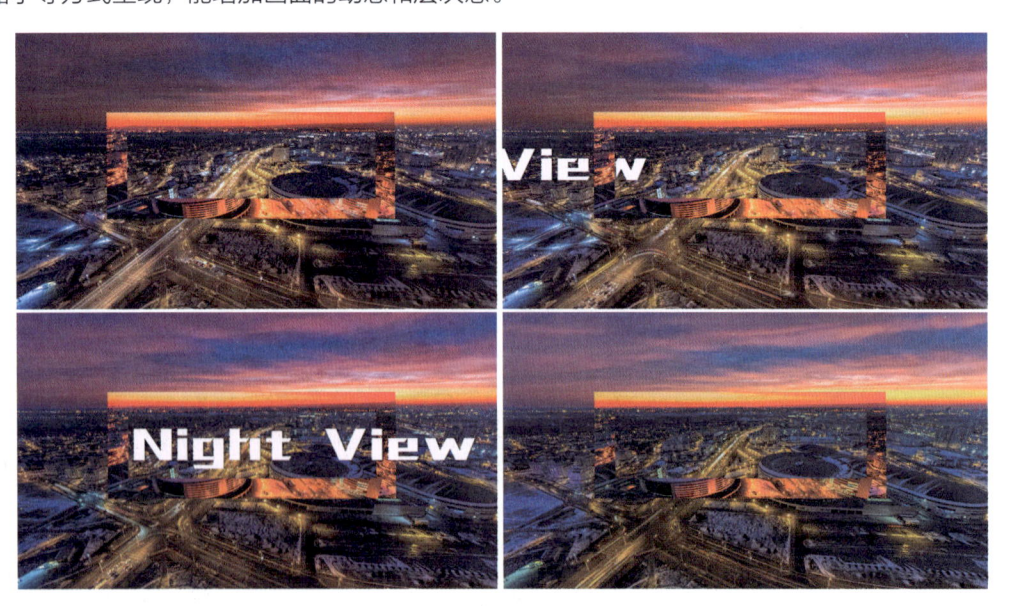

动态文字特效：是指在文字上应用各种视觉特效，使其在视频播放过程中呈现出丰富的变化。这种效果可以通过光效、粒子效果、变形效果等方式实现，能增强视频的视觉吸引力和创意表现力。

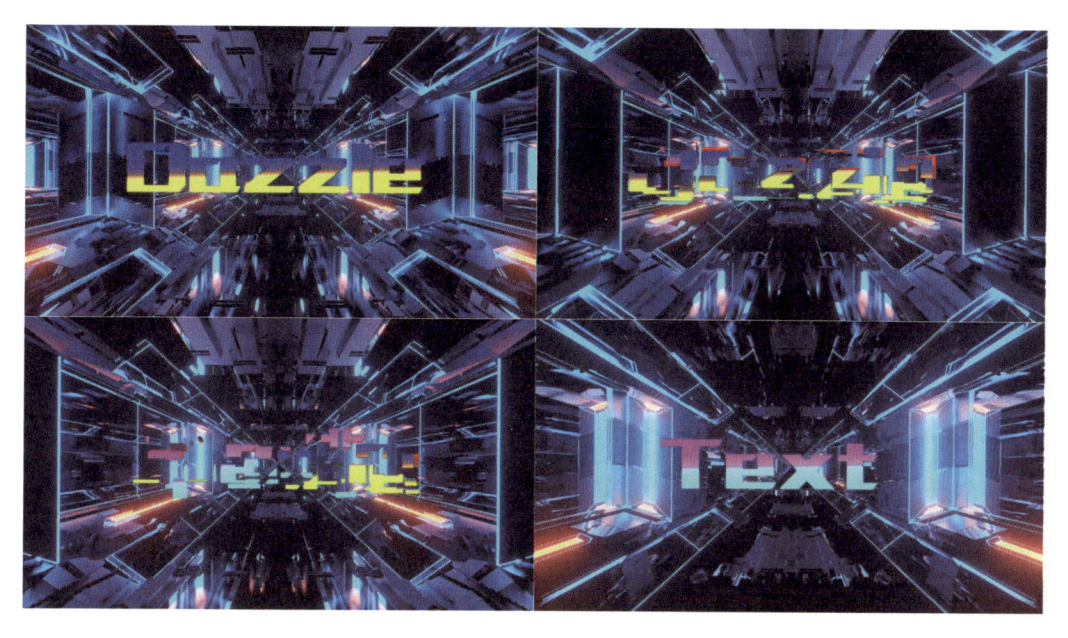

动态模板文字：是指使用预设的动画模板对文字进行动态处理。这种效果可以通过模板中的预设动画，如弹跳、渐变、旋转、极速缩放等，快速实现文字的动态展示，提升视频的视觉效果和表现力。

5.2 特效

特效是增强视频吸引力和表现力的关键元素。特效的类型很多，主要包括画面特效、人物特效和转场特效等。

5.2.1 画面特效

画面特效主要用于增强视频的视觉效果，使画面更具吸引力和艺术性。通过对颜色、光影、纹理等的处理，可以为视频添加独特的风格和氛围。

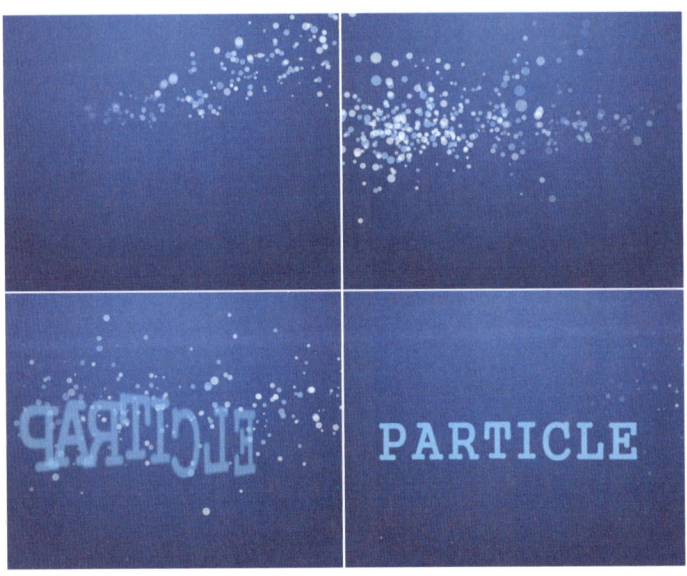

5.2.2 人物特效

人物特效主要用于增强人物形象的表现力，通过对人物的面部、肢体和衣着等进行处理，使人物更加生动和富有个性。

5.2.3 转场特效

转场特效用于不同场景或镜头之间的切换，使画面过渡更加流畅和富有创意性。

5.3 实战：冬日旅行 Vlog

5.3.1 设计思路

案例类型：

本案例是一个展示冬季雪景的旅行短视频，通过添加"文字标语"效果，增强画面的层次感和动态效果。

项目诉求：

视频的主要目标受众是喜欢冬季自然风光和旅行视频的观众。通过在大雪纷飞的背景中，添加居中放大的汉字标语，并结合时间和英文的滑入动画效果，吸引观众注意力，同时传递旅行主题和情感氛围。

设计定位：

本案例设计围绕"动态文字标语"主题展开，整体风格定位为静谧美好且具有动感。通过文字动画效果的加入，增强画面的视觉吸引力与信息表达效果。

5.3.2 文字

动态文字效果：

本例采用了"放大居中"和"横向滑入"相结合的文字动态效果。文字在画面中以放大的汉字标语居中出现，时间与英文信息分别从左下角和右上角横向滑入，形成动态层次感。

文字内容：

视频中，居中的汉字标语如"冬日旅行"，清晰传递旅行主题；左下角时间信息与右上角英文标语动态呈现，为画面增添信息层次和美感。

5.3.3 项目实战

步骤/01 将"1.mp4"素材文件导入剪映中。

步骤/02 选择素材文件，在工具栏面板中点击"调节"工具。

步骤/03 点击"对比度"，设置"对比度"为10。

步骤/04 点击"饱和度"，设置"饱和度"为-11。

步骤/05 点击"色温",设置"色温"为 −16。

步骤/06 点击"色调",设置"色调"为 −4。

步骤/07 点击"暗角",设置"暗角"为 20,然后点击 ✓(确定)按钮。

步骤/08 选择素材文件,在工具栏面板中点击"滤镜"工具。

第5章　文字、特效和动画

步骤/09　在弹出的"滤镜"面板中点击"风景"，再点击"绿妍"滤镜。设置滤镜强度为100。

步骤/10　将时间线滑动至起始时间位置处，在工具栏面板中点击"特效"工具。

步骤/11　在弹出的面板中点击"画面特效"。

步骤/12　在弹出的特效面板中点击"自然"，再点击"大雪纷飞"。

95

步骤 13 将特效的结束时间拖曳到视频结束时间位置处。

步骤 14 将时间线滑动至起始时间位置处，在工具栏面板中点击"文字"，再点击"文字模板"工具。

步骤 15 在弹出的"文字模板"面板中点击"旅行"，选择合适的文字模板。

步骤 16 将时间线滑动至起始时间位置处，在工具栏面板中点击"音频"，再点击"音乐"工具。

步骤 17 在弹出的"添加音乐"面板中点击"旅行",在"旅行"面板中选择合适的音频文件,点击"使用"按钮。最后剪辑并选择音频合适的部分,让音频与视频时长一致。

读书笔记

5.4 实战：弹幕文字效果

5.4.1 设计思路

案例类型：

本案例是一个展示冬季雪景的风景短视频，通过添加弹幕文字效果，增强画面的层次感和动态效果。

项目诉求：

视频的主要目标受众是喜欢自然风景和动态效果的观众。通过在静态的雪景中添加自右向左漂浮的文字，增加视频的动感和趣味性，吸引观众的注意力。同时，文字内容可以传递相关的信息或情感，与画面内容形成互动。

设计定位：

本案例设计围绕"弹幕文字效果"主题展开，整体设计定位为动态、层次分明的风格。通过文字在画面中的滑动效果，增强视频的动感和层次感，使观众在欣赏风景的同时，获得丰富的视觉体验。

5.4.2 文字

动态文字效果：

本案例采用了动态文字效果方式。文字在视频播放过程中不断移动。这种动态效果使画面更具活力和层次感，能吸引观众的目光，增加观看的趣味性。

文字内容：

在视频中，漂浮的文字内容是观众对美景的赞叹，如"风景真美""美好的一天""看起来好冷""这是哪里""奔赴风雪"。这些文字在动态效果的呈现下，不仅能传递观众对美景的感受，还增添了画面的互动性和趣味性。

5.4.3 项目实战

步骤/01 将"01.mp4"素材文件导入剪映中。

步骤/02 选择视频文件，设置视频文件的结束时间为5秒01帧。

步骤/03 将时间线滑动至起始时间位置处，在工具栏面板中点击"文字"，再点击"新建文本"工具。

步骤/04 在弹出的面板中输入合适的文字内容，点击"字体"，再点击"热门"，选择合适的文字字体。接着在播放面板中设置文字到合适的位置。

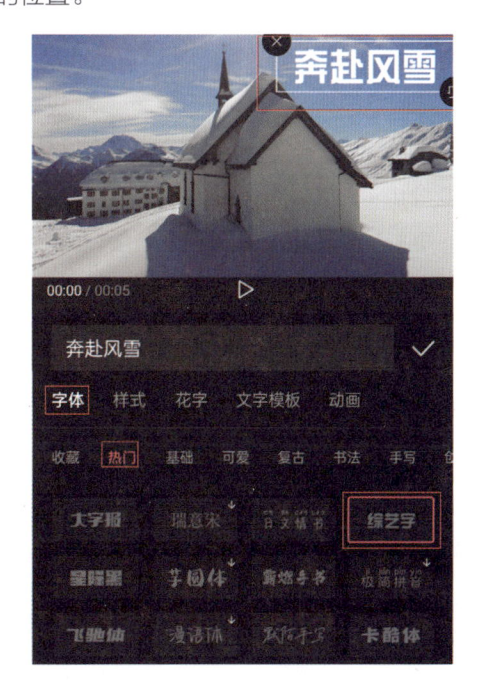

步骤/05 点击"动画",然后点击"循环",再点击"弹幕滚动"动画,设置动画快慢为1.5s。

步骤/06 设置文字的结束时间与视频结束时间相同。

步骤/07 将时间线滑动至1秒09帧位置处,在工具栏面板中点击"新建文本"工具。

步骤/08 在弹出的面板中输入合适的文字内容,点击"字体",再点击"热门",选择合适的文字字体。接着在播放面板中设置文字到合适的位置。

第5章 文字、特效和动画

步骤/09 点击"样式",再点击"文本",设置"字号"为12。

步骤/10 点击"动画",点击"循环",再点击"弹幕滚动"动画,设置动画快慢为1.5s。

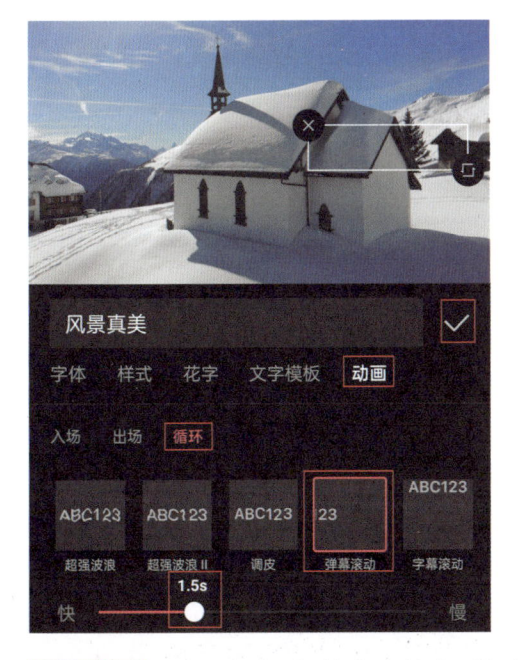

步骤/11 设置刚刚添加的文字结束时间与视频结束时间相同。

步骤/12 将时间线滑动至12帧位置处,在工具栏面板中点击"新建文本"工具。

步骤/13 在弹出的面板中输入合适的文字内容,点击"字体",再点击"热门",选择合适的文字字体。接着在播放面板中设置文字到合适的位置。

101

步骤/14 点击"样式",再点击"文本",设置文字颜色为红色。

步骤/15 点击"动画",点击"循环",再点击"弹幕滚动"动画,设置动画快慢为1.5s。

步骤/16 设置刚刚添加的文字结束时间与视频结束时间相同。使用同样的方法,在合适的时间与位置处创建文字,制作文字弹幕效果。

第5章　文字、特效和动画

步骤/17 将时间线滑动至起始时间位置处，在工具栏面板中点击"音频"，再点击"音乐"工具。

步骤/18 在弹出的"添加音乐"面板中搜索"own way"，选择合适的音频文件。接着点击"使用"按钮，并设置音频文件与视频文件结束时间相同。

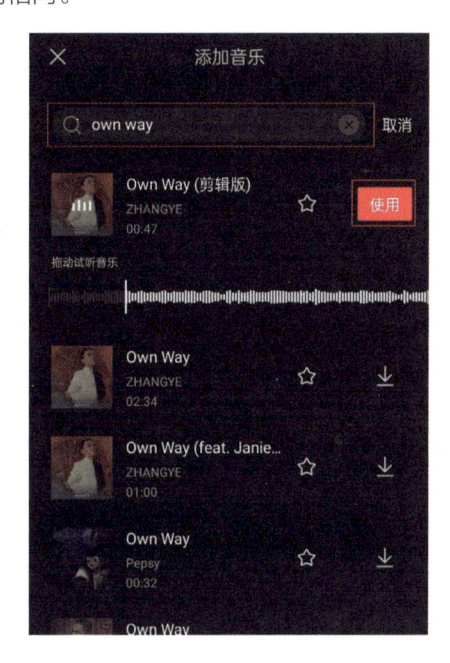

5.5 实战：好物分享

103

5.5.1 设计思路

案例类型：

本案例是一个展示咖啡倒入咖啡杯的短视频，通过添加"好物分享"文字效果，提升视频的宣传效果和观众的互动感。

项目诉求：

视频的主要目标受众是对咖啡产品感兴趣的观众。通过在咖啡倒入杯中的场景中添加有趣的文字，增加了视频的互动性和趣味性，同时提高了产品的曝光度和观众的购买欲望。文字的动态效果使得信息传达更加生动有趣，吸引观众的注意力。

设计定位：

本案例设计围绕"好物分享"主题展开，整体设计定位为活泼、引人注目的风格。通过使用剪映中的文字模板，轻松实现动态文字效果，使得视频不仅呈现产品的特性，还增加观看的愉悦感。

5.5.2 文字

动态文字效果：

本案例采用了剪映中的"文字模板"功能，通过预设的动态文字动画效果来展示文字。这些模板包括"到点啦 买买买"和"强烈推荐"等动态文字，文字在画面中有趣地弹出、移动，使信息传达更具视觉冲击力，并增加了视频的娱乐性和互动性。

文字内容：

在视频中，弹出的文字内容包括"到点啦 买买买"和"强烈推荐"。这些文字在咖啡倒入杯中的过程中出现，利用动态效果吸引观众的视线，引导他们对产品产生兴趣。文字的动画与视频内容紧密结合，增强了观众对产品的好感和购买意愿，同时提升了视频的整体观看体验。

5.5.3 项目实战

步骤/01 将"01.mp4"素材文件导入剪映中，在工具栏面板中点击"文字"工具。

步骤/02 将时间线滑动至起始时间位置处，在工具栏面板中点击"文字模板"工具。

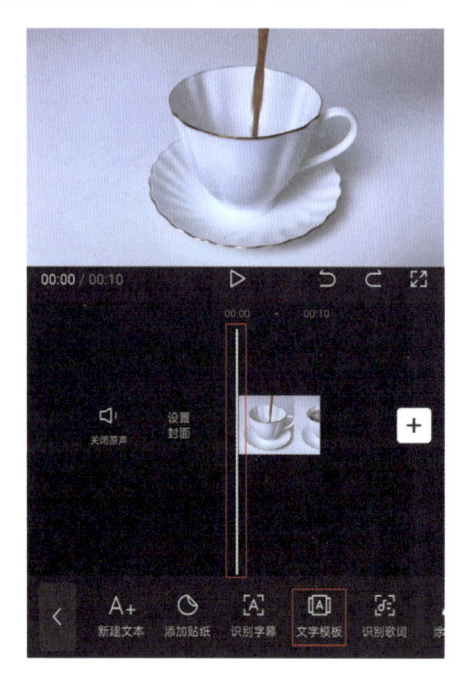

步骤/03 在弹出的"文字模板"面板中点击"好物种草",选择合适的文字模板。

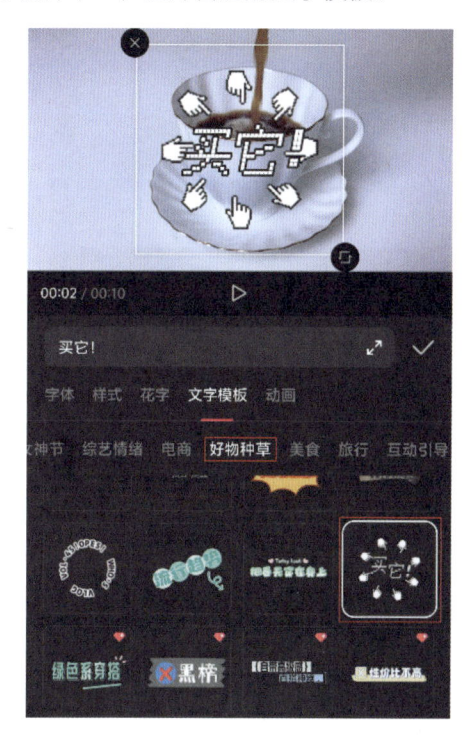

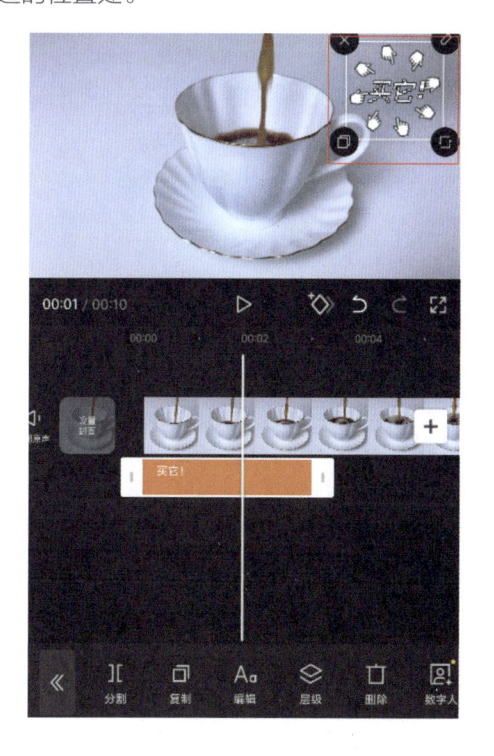

步骤/05 将时间线滑动至3秒位置处,在工具栏面板中点击"文字模板"工具。

步骤/04 在播放面板中设置文字模板大小到合适的位置处。

步骤/06 在弹出的"文字模板"面板中点击"电商",选择合适的文字模板。

步骤/07 在播放面板中设置文字模板大小到合适的位置处。

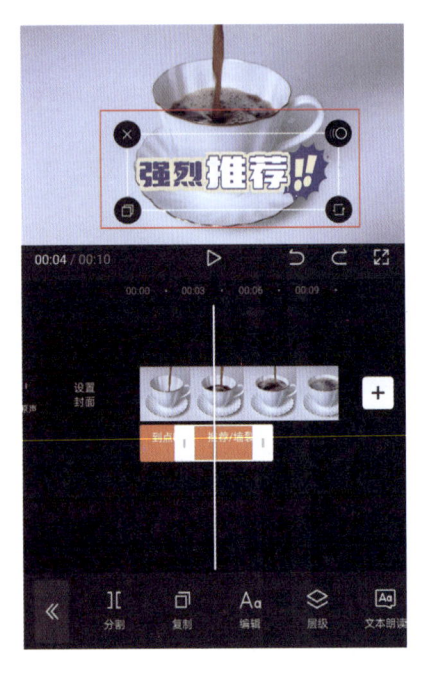

步骤/08 将时间线滑动至起始时间位置处，在工具栏面板中点击"音频"，再点击"音乐"工具。在弹出的"添加音乐"面板中点击"美食"，在"美食"面板中选择合适的音频文件。接着点击"使用"按钮，并设置音频文件与视频文件结束时间相同。

步骤/09 在工具栏面板中点击"文字"，选择文字轨道，再点击"文本朗读"工具。

步骤/10 在弹出的"文本朗读"面板中点击"方言"，选择适合的类型。选中"应用到全部文本"复选框。

5.6 实战：制作照片变漫画效果

5.6.1 设计思路

案例类型：

本案例是一个将照片转换为漫画风格的短视频。通过使用特效模板，照片中两人牵手的画面被快速转化为漫画效果。

项目诉求：

该视频的主要目标受众是喜欢创意和个性化效果的观众。通过将真实照片转换为漫画风格，增加了画面的趣味性和艺术感。这个效果不仅能够吸引观众的注意力，还能为普通照片添加一种独特的视觉体验，使其更具吸引力和表现力。

设计定位：

本案例的设计围绕"照片变漫画效果"主题展开，整体设计定位为创意和趣味性强的漫画风格。通过使用预设的动画模板，快速实现了从真实照片到漫画效果的转变，增强了画面的艺术感和视觉冲击力，让观众感受到一种新的表现方式。

5.6.2 特效

本案例采用了"特效模板""抖音玩法"工具来实现照片的漫画效果。剪映中的预设特效模板提供了多种风格的转换效果，这些模板将原本真实的照片自动处理为漫画风格。

5.6.3 项目实战

步骤 01 将"01.jpg"素材文件导入剪映中。选择素材文件，在工具栏面板中点击"抖音玩法"工具。

步骤/02 在"抖音玩法"面板中点击"推荐",再点击"摇摆运镜"效果。

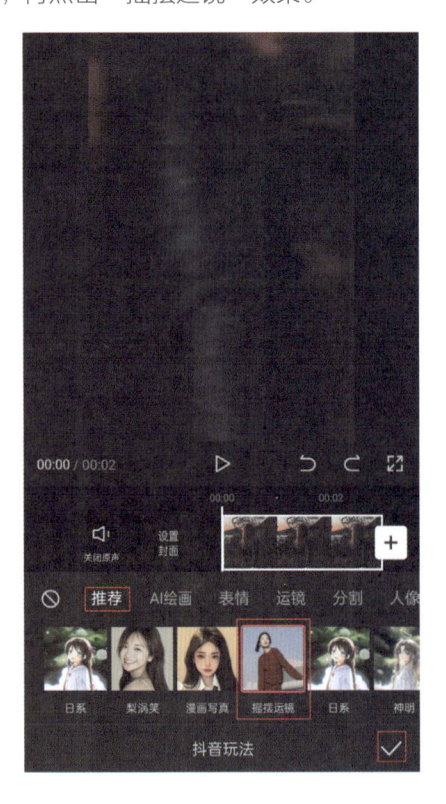

步骤/03 点击 + (添加素材)按钮。

步骤/04 在弹出的面板中点击"照片视频",再点击"照片",选择"01.jpg"素材文件,点击"添加"按钮。

第5章 文字、特效和动画

步骤/05 选择刚刚添加的素材文件，在工具栏面板中点击"抖音玩法"工具。

步骤/06 在"抖音玩法"面板中点击"推荐"，再点击"漫画写真"效果。

步骤/07 点击 ⊔（转场）按钮。

步骤/08 在弹出的"转场"面板中点击"叠化"，选择"闪白"转场。

步骤/09 将时间线滑动至起始时间位置处，在工具栏面板中点击"音乐"工具。

109

步骤/11 将时间线滑动至2秒02帧位置处，在工具栏面板中点击"音效"工具。

步骤/10 在弹出的"添加音乐"面板中点击"混剪"，在"混剪"面板中选择合适的音频文件。接着点击"使用"按钮，并设置音频文件的结束时间与视频结束时间相同。

步骤/12 在"音效"面板中点击"魔法"，选择合适的音效，点击"使用"按钮。

5.7 实战：制作 DV 故障效果

5.7.1 设计思路

案例类型：

本案例是一个展示两位热恋中的男女拥抱牵手的短视频。通过使用DV画面特效和"故障"转场特效，视频呈现出一种复古、故障感的效果，使画面更具独特的视觉风格和艺术感。

项目诉求：

视频的主要目标受众是喜爱复古风格和有独特视觉体验的观众。通过结合DV画面特效和"故障"转场特效，视频不仅在视觉上呈现了怀旧的感觉，还增加了画面的艺术性和趣味性。

设计定位：

本案例设计围绕"DV故障效果"主题展开，整体设计定位为怀旧、艺术感强的风格。通过特效的使用，视频呈现出类似旧录像带的画面效果和故障感，增强了视频的情感表达和视觉吸引力，让观众体验到别具一格的视听感受。

5.7.2 特效

转场特效：

本案例采用了"故障"转场特效。这个特效模拟视频播放时的故障现象，例如，画面跳跃、颜色错乱等，使不同场景或镜头之间的过渡更加富有创意和动态感。这种效果为视频增添了复古的视觉体验，同时也让观众在过渡时感受到一种独特的怀旧氛围。

画面特效：

在画面特效方面，本案例使用了DV特效。该特效模仿旧式录像机的效果，使画面呈现出一种复古的质感。

5.7.3 项目实战

步骤/01 将"01.mp4"素材文件导入剪映中。

步骤/02 点击 + （添加）按钮。

步骤/03 在弹出的素材面板中点击"照片视频"，再点击"视频"，选择"02.mp4"素材文件，接着点击"添加"按钮。

步骤/04 选择"01.mp4"与"02.mp4"素材文件，点击 | （转场）按钮。在弹出的"转

第5章 文字、特效和动画

场"面板中点击"故障",选择"雪花故障"转场。

步骤/06 在工具栏面板中点击"画面特效"工具。

步骤/05 将时间线滑动至起始时间位置处,在工具栏面板中点击"特效"工具。

步骤/07 在弹出的面板中点击DV,再点击"录像带III"特效。

113

步骤/08 选择特效的持续时间与视频结束时间相同。

步骤/09 将时间线滑动至起始时间位置处，在工具栏面板中点击"文字"，再点击"文字模板"工具。

步骤/10 在弹出的"文字模板"面板中点击"片头标题"，选择合适的文字模板。

步骤/11 将时间线滑动至起始时间位置处，在工具栏面板中点击"音频"，再点击"音乐"工具。

步骤/12 在弹出的"添加音乐"面板中点击"悬疑",选择合适的音频文件。接着点击"使用"按钮,并设置音频文件的结束时间与视频结束时间相同。

5.8 实战:制作氛围炫光转场效果

5.8.1 设计思路

案例类型：

本案例是一个展示两个女孩在户外场景的短视频，通过使用"炫光"转场特效，为视频增加一种梦幻且富有层次感的视觉效果。特效的使用使视频在场景之间切换时更具氛围感和视觉冲击力。

项目诉求：

视频的主要目标受众是喜爱唯美、梦幻风格的观众。通过在不同镜头之间应用"炫光"转场特效，不仅提升了整体的视觉美感，还增强了观看的沉浸感和趣味性。这种特效使得场景之间的过渡更为流畅且富有创意，能吸引观众的目光，并使视频内容更加引人入胜。

设计定位：

本案例设计围绕"炫光转场效果"主题展开，整体设计定位为梦幻、多彩的视觉风格。通过使用剪映中的"炫光"转场特效，提升了视频的视觉吸引力，使观众在欣赏风景和人物的同时，体验到一种独特的炫光效果，增强了视频的艺术性和观赏性。

5.8.2 特效

转场特效：

本案例采用了剪映中的"炫光"转场特效。这种特效在场景切换时加入了亮丽、多彩的光芒效果，使得不同镜头之间的过渡更加炫目和梦幻。

5.8.3 项目实战

步骤/01 将"01.mp4"素材文件导入剪映中。选择视频文件，设置视频文件的持续时间为3秒。

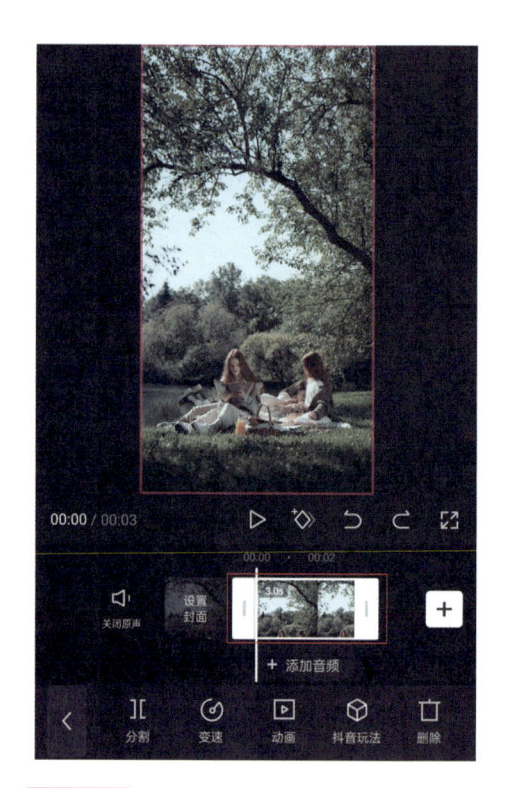

步骤/02 将时间线滑动至3秒位置处，点击 + （添加）按钮。

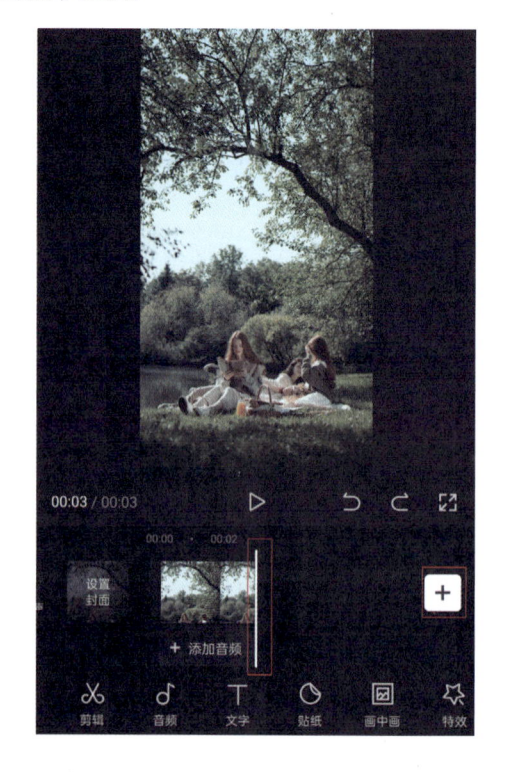

第5章 文字、特效和动画

步骤/03 在弹出的"素材"面板中点击"照片视频",再点击"视频",选择"02.mp4~04.mp4"素材文件。

步骤/04 选择"02.mp4"素材文件,设置"02.mp4"素材文件的持续时间为3秒。

步骤/05 选择"03.mp4"素材文件,设置"03.mp4"素材文件的持续时间为3秒。

步骤/06 选择"04.mp4"素材文件,设置"04. mp4"素材文件的持续时间为3秒。

117

步骤/07 选择"01.mp4"与"02.mp4"素材文件,点击 Ⅰ(转场)按钮。

步骤/08 在弹出的"转场"面板中,点击"光效",选择"炫光"转场。

步骤/09 选择"02.mp4"与"03.mp4"素材文件,点击 Ⅰ(转场)按钮。

步骤/10 在弹出的"转场"面板中,点击"光效",选择"泛光"转场。

第5章 文字、特效和动画

步骤/11 选择"03.mp4"与"04.mp4"素材文件，点击[T]（转场）按钮。在弹出的"转场"面板中点击"光效"，选择"泛白"转场。

步骤/12 将时间线滑动至起始时间位置处，在工具栏面板中点击"素材包"工具。

步骤/13 将时间线滑动至起始时间位置处，在工具栏面板中点击"片头"，选择合适的素材包。

步骤/14 将时间线滑动至2秒08帧位置处，在工具栏面板中点击"音频"，再点击"音乐"工具。

119

步骤15 弹出"音乐"面板，在搜索栏中输入"夏天的夜"，选择合适的音频文件。接着点击"使用"按钮，并设置音频文件的结束时间与视频结束时间相同。

5.9 实战：制作卡通动画视频转场效果

5.9.1 设计思路

案例类型：

本案例展示了一个风景旅行的视频，通过应用"MG动画"转场特效，为视频的不同场景之间的切换添加生动有趣的过渡效果。这种特效能够为视频带来更具创意和活泼的视觉体验。

项目诉求：

视频的主要目标受众是喜欢旅行和风景的人群。通过在视频的不同镜头之间应用"MG动画"转场特效，增加了画面的趣味性和流畅性。这种特效使得不同场景之间的过渡不仅更加自然，还增添了视觉的乐趣，从而提升了观众的观看体验和兴趣。

设计定位：

本案例设计围绕"卡通动画视频转场效果"主题展开，整体设计定位为生动、活泼的风格。使用剪映中的"MG动画"转场特效，旨在为旅行视频增添一份趣味性和创意性，使观众在欣赏美丽风景的同时，感受到动画特效带来的愉悦感。

5.9.2 特效

转场特效：

本案例采用了剪映中的"MG动画"转场特效，以白色水波卷动的效果作为过渡。具体特效表现如下。

水波卷动效果：在镜头切换时，画面会出现类似水波的卷动效果，柔和地将一个场景过渡到另一个场景。这种效果模仿了水面波动的自然感觉，使得场景切换既有动感又不失流畅性。

活泼风格：MG动画特效通常具有卡通化的风格和生动的表现力，通过动感十足的动画效果，为视频增添了一种轻松有趣的氛围。

色彩和动画：特效使用了白色作为主要颜色，搭配动态的卷动动画，使画面在过渡时充满活力，并且不会过于抢眼，保持了整体视觉的一致性。

5.9.3 项目实战

步骤 01 将"01.mp4"素材文件导入剪映中。选择视频文件，设置视频文件的持续时间为4秒。接着点击 ➕（添加）按钮。

步骤 02 在弹出的素材面板中点击"照片视频"，再点击"视频"，选择"02.mp4~04.mp4"素材文件。

步骤/03 选择"02.mp4"素材文件,设置"02.mp4"素材文件的持续时间为4秒。

步骤/04 选择"03.mp4"素材文件,设置"03.mp4"素材文件的持续时间为4秒。

步骤/05 选择"04.mp4"素材文件,设置"04.mp4"素材文件的持续时间为3秒。

步骤/06 点击"关闭原声"按钮。选择"01.mp4"与"02.mp4"素材文件,点击口(转场)按钮。

第5章 文字、特效和动画

步骤/07 在弹出的"转场"面板中，点击"MG 动画"，选择"水波卷动"转场。

步骤/08 选择"02.mp4"与"03.mp4"素材文件，点击 T（转场）按钮。

步骤/09 在弹出的"转场"面板中，点击"MG 动画"，选择"水波卷动"转场。

步骤/10 选择"03.mp4"与"04.mp4"素材文件，点击 T（转场）按钮。在弹出的"转场"面板中，点击"MG 动画"，选择"水波卷动"转场。

123

步骤/11 将时间线滑动至起始时间位置处，在工具栏面板中点击"素材包"工具。

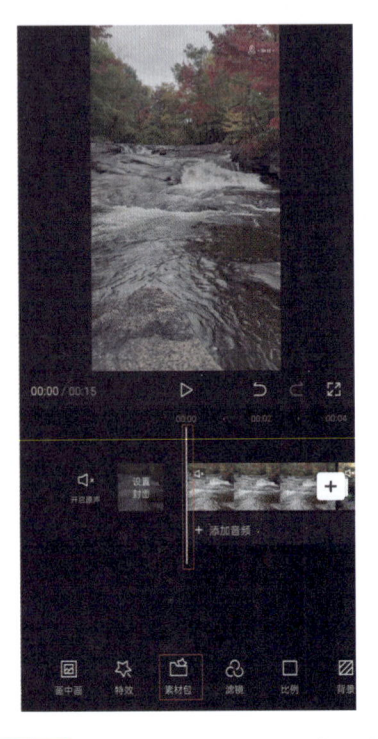

步骤/12 在弹出的素材包面板中，点击"片头"，选择合适的素材包。

步骤/13 将时间线滑动至3秒23帧位置处，在工具栏面板中点击"音频"，再点击"音效"工具。

步骤/14 在弹出的"音效"面板中，点击"综艺"，选择合适的音频文件，接着点击"使用"按钮。使用同样的方法，分别在7秒28帧与11秒27帧位置处添加同样的音效。

步骤/15 将时间线滑动至起始时间位置处，在工具栏面板中点击"音频"，再点击"音乐"

工具。在弹出的"添加音乐"面板中，点击"旅行"，选择合适的音频文件。接着点击"使用"按钮，并设置音频文件的结束时间与视频结束时间相同。

步骤16 选择"03.mp4"与"04.mp4"素材文件，点击T（转场）按钮。在弹出的"转场"面板中，点击"光效"，选择"炫光Ⅲ"转场。

步骤17 将时间线滑动至起始时间位置处，在工具栏面板中点击"素材包"工具。

步骤18 将时间线滑动至起始时间位置处，在工具栏面板中点击"片头"，选择合适的素材包。

步骤19 将时间线滑动至2秒27帧位置处，

在工具栏面板中点击"音频",再点击"音乐"工具。

步骤/20 弹出"添加音乐"面板,在搜索栏中输入"夏日的夜",选择合适的音频文件。接着点击"使用"按钮,并设置音频文件的结束时间与视频结束时间相同。

5.10 实战:美食卡点短视频

5.10.1 设计思路

案例类型：

本案例展示了一个节奏感十足的美食卡点短视频。视频通过多张照片和音乐的节奏配合，利用关键帧动画和动画模板创建出动态的视觉效果，使观众在欣赏美食的同时，体验到节奏感和趣味性的结合。

项目诉求：

视频的主要目标受众是对美食感兴趣的观众。通过在视频中使用节奏感较强的卡点效果，结合照片的动态变化，提升了视频的吸引力和观看体验。关键帧动画和动画模板的运用，使得照片的出现和缩小效果更具冲击力，并与音乐节奏完美匹配，从而引起观众的兴趣和注意力。

设计定位：

本案例设计围绕"美食卡点短视频"主题展开，整体设计定位为节奏感强、视觉动感的风格。通过精确的动画控制和模板应用，旨在创造一个既能突出美食又能吸引观众眼球的动态视频效果，使视频更具娱乐性和互动性。

5.10.2 动画

关键帧动画：

本案例采用了关键帧动画技术来实现照片的逐渐显现和变化。具体应用如下。

不透明度动画： 通过设置多个关键帧，控制每张照片的不透明度，使照片在音乐节奏的引导下逐渐从透明变为完全可见。这样能精确地把控每张照片出现的时机，与音乐的节奏点相呼应，增强视觉效果。

动画效果规律： 关键帧设置使照片的出现有规律地与音乐节奏同步，从而形成动感十足的卡点效果。这种精确的动画控制使得每张照片的出现和消失都充满节奏感和冲击力。

动画模板：

本案例还使用了剪映中的动画模板来增强动画效果。

"动感缩小"动画：通过使用预设的"入场动画"模板中的"动感缩小"，照片以动感缩小的方式进入。这种效果使照片在视频中的视觉过渡更加自然且富有趣味性。缩小动画带来了视觉上的冲击，使得照片在音乐节奏中逐渐融入画面中。

读书笔记

5.10.3 项目实战

步骤/01 将"1.jpg"素材文件导入剪映。

步骤/02 在时间轴面板中设置"1.jpg"素材文件的结束时间为4秒20帧。

步骤/03 将时间线滑动至起始时间位置处，在工具栏面板中点击"画中画"工具。

步骤/04 在弹出的面板中点击"新增画中画"工具。

步骤/05 在弹出的面板中点击"照片视频"，再点击"照片"，选择"2.jpg"素材文件，接着点击"添加"按钮。

第5章　文字、特效和动画

步骤/07　在弹出的"不透明度"面板中，设置"不透明度"为0，点击☑（确定）按钮。

步骤/06　在播放面板中设置"2.jpg"素材文件的大小，选择"2.jpg"素材文件，设置结束时间为3秒12帧。接着将时间线滑动至起始时间位置处，点击◇（添加关键帧）按钮。然后在工具栏面板中点击"不透明度"工具。

步骤/08　将时间线滑动至10帧位置处，在工具栏面板中点击"不透明度"工具。

129

步骤/09 在弹出的"不透明度"面板中,设置"不透明度"为100,点击✓(确定)按钮。

步骤/10 将时间线滑动至15帧位置处,点击◇(添加关键帧)按钮。

步骤/11 将时间线滑动至18帧位置处,在工具栏面板中点击"不透明度"工具。

步骤/12 在弹出的"不透明度"面板中,设置"不透明度"为40,点击✓(确定)按钮。

第5章 文字、特效和动画

步骤/13 选择"2.jpg"素材文件，在工具栏面板中点击"动画"工具。

步骤/14 在弹出的"动画"面板中，点击"入场动画"，再点击"动感缩小"动画，接着点击☑（确定）按钮。

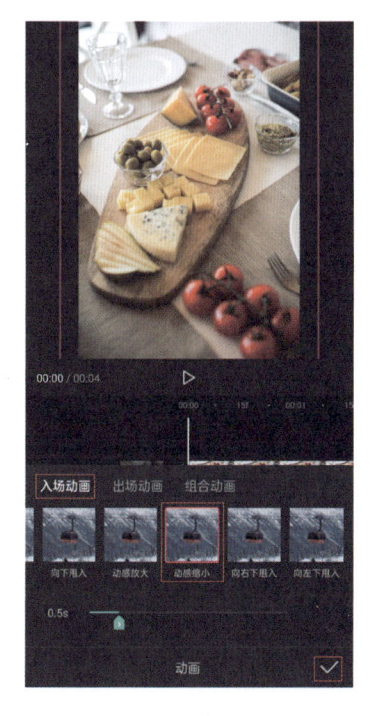

步骤/15 将时间线滑动至18帧位置处，在工具栏面板中点击"新增画中画"工具。

步骤/16 在弹出的面板中点击"照片视频"，再点击"照片"，选择"3.jpg"素材文件，接着点击"添加"按钮。

131

步骤 17　在播放面板中设置"3.jpg"素材文件至合适的大小,选择"3.jpg"素材文件,设置持续时间为1秒。将时间线滑动至18帧位置处,点击◇（添加关键帧）按钮,接着在工具栏面板中点击"不透明度"工具。

步骤 18　在弹出的"不透明度"面板中设置"不透明度"为0,点击✓（确定）按钮。

步骤 19　将时间线滑动至28帧位置处,在工具栏面板中点击"不透明度"工具。

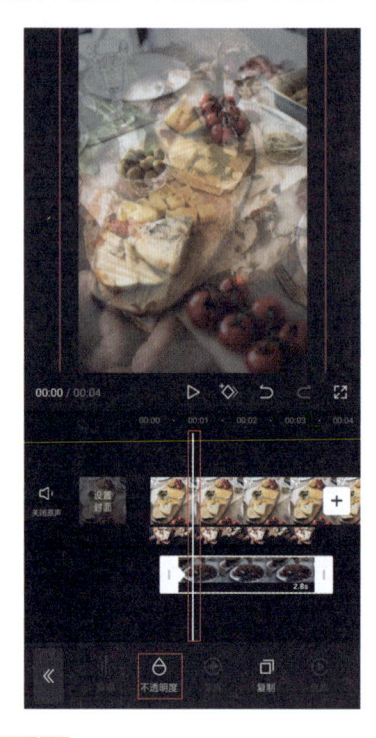

步骤 20　在弹出的"不透明度"面板中设置"不透明度"为100m,点击✓（确定）按钮。

第5章 文字、特效和动画

步骤/21 将时间线滑动至1秒03帧位置处，点击◇（添加关键帧）按钮。

步骤/23 在弹出的"不透明度"面板中设置"不透明度"为40，点击✓（确定）按钮。

步骤/22 将时间线滑动至1秒06帧位置处，在工具栏面板中点击"不透明度"工具。

步骤/24 选择"3.jpg"素材文件，在工具栏面板中点击"动画"工具。

133

步骤25 在弹出的"动画"面板中点击"入场动画",再点击"动感缩小"动画,接着点击☑(确定)按钮。使用同样的方法,选择除"6.jpg"素材文件外的文件,分别设置"4.jpg"的起始时间为1秒06帧,"5.jpg"的起始时间为1秒24帧,并设置持续时间为1秒。使用关键帧在合适的时间制作不透明度动画,并添加"动感缩小"动画。

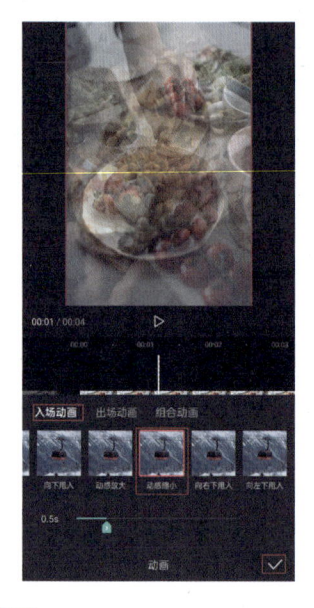

步骤26 将时间线滑动至2秒12帧位置处,在工具栏面板中点击"新增画中画"工具。

步骤27 在弹出的面板中点击"照片视频",再点击"照片",选择"6.jpg"素材文件,接着点击"添加"按钮。

步骤28 在播放面板中设置"6.jpg"素材文件至合适的大小,选择"6.jpg"素材文件,设置结束时间为3秒12帧。将时间线滑动至2秒12帧位置处,点击◇(添加关键帧)按钮,接着在工具栏面板中点击"不透明度"工具。

第5章 文字、特效和动画

步骤/29 在弹出的"不透明度"面板中设置"不透明度"为0，点击✓（确定）按钮。

步骤/30 将时间线滑动至2秒22帧位置处，在工具栏面板中点击"不透明度"工具。

步骤/31 在弹出的"不透明度"面板中设置"不透明度"为100，点击✓（确定）按钮。

步骤/32 选择"6.jpg"素材文件，在工具栏面板中点击"动画"工具。

135

短视频剪辑与制作必修课（剪映版）

步骤/33 在弹出的"动画"面板中点击"入场动画"，再点击"动感缩小"动画，接着点击✓（确定）按钮。

步骤/35 在弹出的"文字模板"面板中点击"片头标题"，选择合适的文字模板工具，接着点击✓（确定）按钮。

步骤/34 将时间线滑动至2秒20帧位置处，在工具栏面板中点击"文字"，再点击"文字模板"工具。

步骤/36 将时间线滑动至起始时间位置处，在工具栏面板中点击"音频"，再点击"音乐"工具。

136

步骤 37 在弹出的"添加音乐"面板中,点击"美食",在弹出的"美食"面板中选择合适的音频文件。接着点击"使用"按钮,并设置音频结束时间与视频结束时间相同。

读书笔记

第 6 章

短视频声音与音效

短视频中的声音与音效在内容创作和观众体验中扮演着至关重要的角色。本章将介绍短视频中声音与音效的分类及其应用方法。通过对声音与音效项目的分析及实战操作，帮助读者掌握不同类型的声音与音效处理技巧，提高在实际应用中的音频设计能力。

6.1 声音与音频的分类

声音是通过耳朵感知到的声波振动，通过录音设备可以将声音记录并保存为不同形式的音频文件。在视频制作中，声音不仅包括原始录制的音频，还可以是后期添加的内容。创作者可以根据视频的主题和需求，对音频进行剪辑和处理，使其与影像内容完美匹配。

声音与影像相辅相成，通过音乐、音效和语音来丰富视觉效果，增强叙事效果，并塑造特定的氛围。良好的声音设计能够大幅提升视频的感染力，带给观众更为生动和沉浸式的视听体验。声音主要包括人声、音效和音乐等元素。

6.1.1 人声

人声是视频中至关重要的声音元素，通常以对话、旁白或独白的形式出现。它通过语言传递信息和情感，帮助观众更好地理解角色的情感和故事情节。

对话：角色之间的对话有助于展现他们的互动和剧情发展，使视频更加连贯和易于理解。

旁白：旁白通常在后期添加，用来解说或补充信息。它可以解释背景、角色和情节，增强观众对故事的理解。

独白：独白是角色对自己或观众的内心表述，能够揭示角色的思想和感受，增加故事的深度和复杂性。

6.1.2 音效

音效增强了视频的现场感和动作效果，为观众带来更真实的观看体验。音效可以用于提升场景的真实感、动作的表现力和氛围的营造。

环境音效：

自然环境音效如风雨声、流水声、鸟鸣等，这些声音为视频增添自然的氛围和真实感，常用于Vlog、旅游短视频等。

人文环境音效包括交通声、制造业声、活动场所声等，这些音效提升了场景的真实性，使观众更容易沉浸于视频中。

动作音效：如脚步声、撞击声等，增强了动作的真实性和动态感，使场景更加生动。

氛围音效：如心跳声、童谣声等，用来营造特定的情绪氛围，增强观众的情感体验。

合成音效：通过电子设备合成的特殊音效，如爆炸声、机械音等，用于强化情绪或营造特定气氛，增加短视频的吸引力。

6.1.3 音乐

音乐通过旋律和节奏传递情感和情绪。合适的音乐配乐可以为短视频营造出特定的氛围，使观众更投入。音乐可以是纯音乐，也可以是包含人声的歌曲。

6.1.4 无声

无声的运用创造了特定的氛围或强调某些动作。无声可以让观众更加专注于画面本身，加深对情节或情感的理解。通过音效和视觉效果的结合，无声也能在不使用语言的情况下传递信息，增强视频的表现力和情感张力。

6.2 音频处理与音效应用

短视频制作中，音频扮演着至关重要的角色。不同风格的音效、声音效果和音乐可以极大地影响视频的表现效果。为了使视频更加引人入胜，创作者需要精心选择和处理音频元素，使其与视觉内容相辅相成，从而提升短视频的整体表现力和观众的体验感。

6.2.1 声音的基本属性

声音作为感官刺激的重要因素，对观众的听觉体验具有显著影响。了解声音的基本属性能够帮助创作者更好地利用声音传达信息和情感。声音的基本属性包括音色、音调、音量、音长、节奏和旋律等。

音色：音色是声音的独特特征，使观众能够分辨不同的声音来源，例如乐器或人声。每种声音都有其独特的音色，这有助于观众识别声音的来源和性质。

音调：音调是指声音的高低，这种特性在传达情感和情绪方面发挥着重要作用。高音调通常用于明亮和轻快的场景，而低音调则适合沉重和紧张的场景。

音量：音量指的是声音的强度，即声音的大小。调整音量时，需要平衡背景声音与对话的清晰度，确保重要信息清晰可听，同时增强视频的沉浸感。

音长：音长是指音符持续的时间。较长的音长可以创造出温馨或悠闲的氛围，而较短的音长则带来快速和紧凑的节奏感，适合表现紧迫和激烈的情感。

节奏：音乐的节奏涉及音符的长度、强度以及它们之间的关系。节奏的变化能够与剪辑和转场效果相结合，增强视频的动态感，丰富视听体验。

旋律：旋律是由音符组成的，有特定的音高、音程和节奏。音乐的旋律为视频内容提供情感基调，塑造整体氛围和风格。

6.2.2 音频处理与音效应用

为了提升短视频的表现力,音频处理和音效应用至关重要。以下是一些关键的音频处理技术和应用方法。

降噪:去除或减少背景噪声和杂音,使音频更加清晰。干净的音频能够提高视频的观赏体验。

音量调整:调整音频的整体音量,确保它与视频内容和播放环境协调。适当的音量设置可以增强视频的沉浸感。

人声分离:将人声从背景音中分离,以便进行单独处理,能提高语言的清晰度和准确性。

音频分离(提取音乐):将视频中的原声分离出来,提取成单独的音频文件,以便进行调整、替换或删除。

音频添加:为视频添加背景音乐或其他音效,增强视频的氛围和吸引力。

音效添加:在特定场景中加入特殊音效,以增强视觉效果和情感表达。

音频分割与删除:对音频进行分割、拼接或删除,调整音频的开始和结束时间,使其与视频内容更好地配合。

淡入淡出:在音频开始和结束时添加渐变效果,实现平滑过渡,避免突兀的切换。

音频变速:改变音频的播放速度,调整声音的节奏和情感表现。

节拍:通过标记音乐的节拍,并将其与视频画面的转场或特效对齐,制作出卡点效果,尤其适用于制作节奏感强的视频。

声音效果:为音频添加独特的效果,可以增强声音的表现力。例如,改变声音的音调和音色、加入人声增强、留声机效果、环绕声、回音等特殊效果。

6.3 音频叙事与情感表达

声音是视频的重要组成部分,它通过语言、对话和音乐等形式传递信息和情感,对于视频的叙事和情感表达至关重要。音频元素与视觉内容紧密配合,能够深刻影响视频的节奏、叙事效果和情感表达。

6.3.1 音频与故事叙述

音频和影像的结合,共同构建了视频的故事情境。不同类型的短视频在叙事上的需求也有所不同。例如,影视类和创意短视频对故事的连贯性和完整性有较高的要求,这就需要用精心编排的音乐和对话来吸引观众。而知识科普类短视频则更加注重内容的清晰度和条理性,背景音乐应该作为辅助元素,避免干扰主要信息。

声音在叙事中的作用如下。

叙事连贯性:声音元素能够帮助创作者连贯叙事情节。例如,通过声音的过渡效果,可以实现不同场景间的平滑切换，保持叙事的流畅性。

丰富叙事效果：声音能够突破画面的限制，为观众提供更广阔的想象空间，加深对视频内容的理解。

增强节奏感：通过与视频节奏相匹配的音乐或音效，声音能够强化视频的节奏感，使故事发展更加清晰明了。

短视频的叙事应与音频相配合。

选择合适的音效和背景音乐：根据视频的主题和情感，挑选合适的音效和背景音乐，能让叙事更为自然流畅。

配音的使用：在一些短视频中，配音发挥着重要作用。选用合适的声音和语气，可以让观众更投入到视频的故事中。

声画配合：精确掌握音频和视频的配合。例如，在关键情节中，通过音效或背景音乐的突然变化，能够强调情节的重要性，引导观众的注意力。

声音的质量：确保音效和音乐的清晰度，避免杂音或音质问题，以便观众能清楚地接收到信息。

6.3.2 音频与情感表达

音效和音乐是传达情感和营造氛围的强有力工具。它们能够引发观众的情感共鸣，使观众更好地理解和体验视频中的情感。例如，在悬疑或紧张的情节中，选择适当的音乐和音效，如心跳声或尖叫声，可以增强情节的紧张感。

声音元素在视频情感表达中的作用。

传达情感：不同的音效和音乐可以传达出悲伤、欢乐、紧张等多种情感，直接影响观众的情感体验。

增强情感共鸣：声音能够引导观众的情感反应，使他们更深入地投入视频展现的情感世界中。

渲染气氛：音频的节奏和背景音乐的变化可以与视频画面和故事情节相呼应，不仅突出情节冲突，还加强角色的情感表达。

短视频的情感表达应与音频相配合。

选择合适的音乐：根据视频的情感和主题，选择合适的音乐风格。例如，表达悲伤情感时，可以选用柔和、慢节奏的音乐。

使用音效：通过音效增强情感和氛围。例如，在紧张的情节中使用心跳声或脚步声，可以加强观众的紧张感。

运用声音的动态：调整声音的音量、速度和音调来表达情感和氛围。例如，在紧张情节中逐渐增加音乐的音量和速度。

运用语言和对话：人物的语言和对话是情感表达的重要方式。选择适当的语言和语气，可以更加生动地传达角色的情感。

6.4 实战：综艺搞笑音效

6.4.1 设计思路

案例类型：

本案例展示了一个配有综艺搞笑音效的短视频。视频内容为海洋里游动的海豚和鱼，通过搞笑的音效和文字模板，产生幽默滑稽的效果，增强视频的娱乐性。

项目诉求：

视频的主要目标受众是喜欢轻松幽默内容的观众。通过为海洋生物的视频添加搞笑的音效，视频的整体氛围变得更加幽默和娱乐化，吸引观众的注意力并提升观看体验。同时，配合有趣的文字模板，为视频增添了更多趣味元素，让观众在享受搞笑内容的同时，也获得视觉和听觉的双重体验。

设计定位：

本案例设计围绕"综艺搞笑音效"主题展开，整体设计定位为轻松、搞笑的风格。通过音效和文字模板的结合，打造一个既生动又幽默的短视频效果，提升视频的趣味性和娱乐性。

6.4.2 声音

音效：

本案例使用了剪映中的综艺搞笑音效，这些音效增强了视频的娱乐效果，使其更加生动有趣。在视频中加入海豚和鱼的搞笑音效，这些音效通常包括夸张的滑稽声、卡通式的笑声等，能有效地提升视频的幽默感。例如，海豚跳跃时配上搞笑的音效，鱼群快速游动时配上滑稽的水泡声，这些都增加了视频的搞笑效果和观众的互动感。

6.4.3 项目实战

步骤/01 将"01.mp4"素材文件导入剪映中。在工具栏面板中点击"文字"工具。

步骤/02 将时间线滑动至起始时间位置处,在工具栏面板中点击"文字模板"工具。

步骤/03 在"文字模板"面板中点击"互动引导",选择合适的文字模板。

步骤/04 在文字栏中修改合适的文字内容,并在播放面板调整文字的位置及大小。

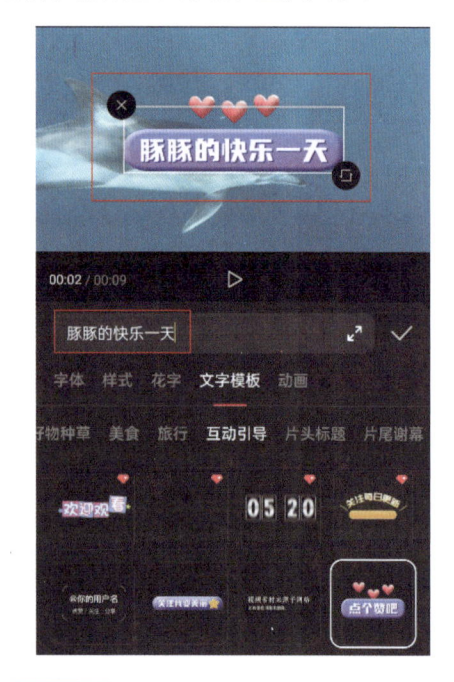

步骤/05 将时间线滑动至起始时间位置处,在工具栏面板中点击"音频",再点击"音乐"工具。

第6章　短视频声音与音效

步骤/06 在弹出的"添加音乐"面板中点击"搞怪"，在"搞怪"面板中选择合适的音频文件。接着点击"使用"按钮，并设置音频文件的结束时间与视频结束时间相同。

步骤/07 将时间线滑动至3秒28帧位置处，在工具栏面板中点击"音效"工具。

步骤/08 在弹出的面板中点击"综艺"，选择合适的音效文件，接着点击"使用"按钮。

步骤/09 将时间线滑动至6秒13帧位置处，在工具栏面板中点击"音效"工具。

145

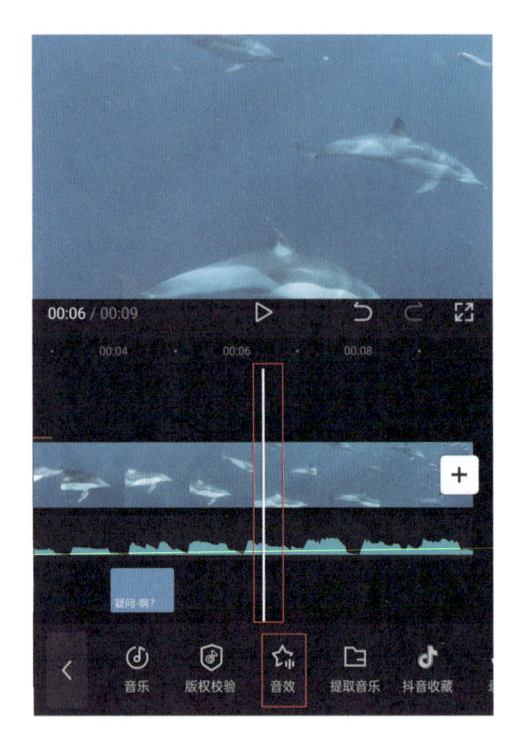

步骤/10 在弹出的面板中点击"综艺"，选择合适的音效文件，接着点击"使用"按钮。

在工具栏面板中点击"音效"工具。

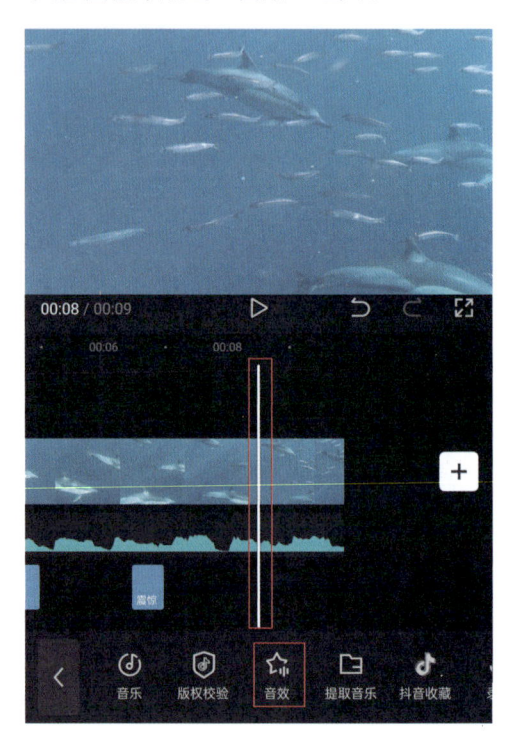

步骤/12 在弹出的面板中点击"综艺"，选择合适的音效文件，接着点击"使用"按钮。

步骤/11 将时间线滑动至8秒16帧位置处，

6.5 实战：卡点闪黑

6.5.1 设计思路

案例类型：

本案例展示了一个充满节奏感的短视频，通过"卡点闪黑"效果来增强视觉冲击力。视频在每个镜头切换时使用闪黑动画，并根据音乐节奏调整视频的卡点位置，从而实现了有节奏的画面切换效果。

项目诉求：

视频的主要目标受众是喜欢音乐与视觉效果高度契合的观众。通过将视频的镜头切换与音乐节奏紧密配合，增强视频的节奏感和观看体验。同时，闪黑效果与音乐的配合使得视频更具动感和视觉冲击力，使观众在观看过程中能够更好地感受到音乐的节奏和氛围。

设计定位：

本案例设计围绕"卡点闪黑"效果展开，整体设计定位为节奏鲜明、动感十足的风格。通过与音乐节奏的精准配合，使视频的切换和视觉效果更加引人注目，提升观众的沉浸感和观看体验。

6.5.2 声音

本案例使用了剪映中的"音乐"功能，通过添加音频文件并使用"踩点"工具，根据音乐节奏制作了视频的持续时间。音乐在视频中的应用如下。

音乐节奏与视频同步：音乐的节奏与视频镜头的闪黑效果紧密配合，每次镜头切换和闪黑效果都与音乐的节拍相吻合。这种节奏感的匹配不仅增强了视频的动感，还使观众在视觉和听觉上都能感受到一致的节奏感。

闪黑效果的应用：使用"特效"工具制作的闪黑效果，使每个镜头切换时都呈现出快速的黑屏过渡。这种效果在音乐的节奏感下显得尤为生动，使得每一次画面的变化都显得更加有力和突出。

6.5.3 项目实战

步骤01 将"1.mp4"素材文件导入剪映中。

步骤02 将时间线滑动至起始时间位置处，在工具栏面板中点击"音频"，再点击"音乐"工具。

步骤03 在弹出的"添加音乐"面板中点击"卡点"，在"卡点"面板中选择合适的音频文件，接着点击"使用"按钮。

第6章 短视频声音与音效

步骤/04 选择音频文件，在工具栏面板中点击"踩点"工具。

步骤/06 将时间线滑动至音频的第三个踩点位置处，在工具栏面板中点击"分割"工具。

步骤/05 在弹出的"踩点"面板中点击"自动踩点"按钮，接着点击"踩节拍Ⅱ"。

步骤/07 选择时间线后方的视频文件，在工具栏面板中点击"删除"工具。

149

步骤/08 选择视频文件，在工具栏面板中点击"动画"工具。

步骤/09 在弹出的"动画"面板中点击"出场动画"，再点击"渐隐"动画，接着点击 ✓ （确定）按钮。

步骤/10 将时间线滑动至1秒20帧位置处，点击 ⊞（添加）按钮。

步骤/11 在弹出的面板中点击"照片视频"，再点击"视频"，选择"2.mp4"素材文件，接着点击"添加"按钮。

步骤/12 将时间线滑动至音频的第六个踩点位置处，在工具栏面板中点击"分割"工具。

步骤/13 选择时间线后方的视频文件，在工具栏面板中点击"删除"工具。

步骤/14 选择视频文件，在工具栏面板中点击"动画"工具。

步骤/15 在弹出的"动画"面板中点击"出场动画"，再点击"渐隐"动画，接着点击☑（确定）按钮。

步骤/16 将时间线滑动至"2.mp4"素材文件的结束位置处，点击 ⊞（添加）按钮。

步骤/17 在弹出的面板中点击"照片视频"，再点击"视频"，选择"3.mp4"素材文件，接着点击"添加"按钮。

步骤/18 将时间线滑动至音频的第九个踩点位置处，在工具栏面板中点击"分割"工具。

步骤/19 选择时间线后方的视频文件，在工具栏面板中点击"删除"工具。

第6章 短视频声音与音效

步骤/20 选择视频文件，在工具栏面板中点击"动画"工具。

步骤/21 在弹出的"动画"面板中点击"出场动画"，再点击"渐隐"动画，接着点击☑（确定）按钮。

步骤/22 使用同样的方法设置剩余素材文件的持续时间为3个踩点，并设置"渐隐"动画效果。视频设置完成后，设置音频文件结束时间与视频结束时间相同。

步骤/23 将时间线滑动至起始时间位置处，在工具栏面板中点击"特效"工具。

153

步骤24 点击"画面特效"按钮。

步骤25 在弹出的"特效"面板中点击"动感",再点击"闪黑"特效,接着点击 ✓(确定)按钮。

步骤26 选择刚刚添加的特效,设置特效的结束时间为2个踩点。

步骤27 将时间线滑动至"2.mp4"素材文件的起始时间位置处,点击"画面特效"按钮。

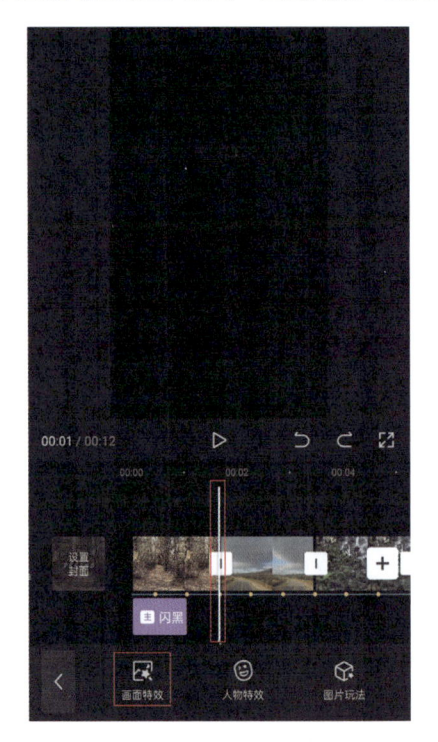

步骤/28 在弹出的"特效"面板中点击"动感",再点击"闪黑"特效,接着点击✓(确定)按钮。

步骤/29 选择刚刚添加的特效,设置特效的结束时间为1个踩点的持续时间。

步骤/30 使用同样的方法为剩余的视频添加闪黑特效,并设置持续时间为1个踩点。

步骤/31 将时间线滑动至起始时间位置处,在工具栏面板中点击"文字模板"工具。

步骤 32 在弹出的"文字模板"面板中点击"片头标题",选择合适的文字模板,接着点击 ☑（确定）按钮。

步骤 33 设置文字模板的持续时间与"1.mp4"素材文件的持续时间相同。

读书笔记

第 7 章

短视频的创作类型

短视频在现代社交媒体和数字营销中扮演着越来越重要的角色。本章将介绍短视频的常见创作类型。通过对短视频项目的分析以及实战操作，帮助读者掌握不同类型的短视频创作的实用技巧，提高短视频的创作能力。

7.1 短视频的常见创作类型

短视频的常见创作类型包括Vlog日常、家庭生活、家居装修、手工制作、知识科普、动物宠物、美食烹饪等。

7.1.1 Vlog日常

Vlog（Video Blog）是一种以日记形式记录生活的短视频，通常由个人创作者制作并上传到互联网，具有强烈的个人风格和真实自然的生活气息。Vlog时长一般在3~10分钟，内容叙述更完整，包括个人经历、生活点滴、心情随笔以及才华展示和工作学习经验分享。常见类别有生活Vlog、探店Vlog、开箱Vlog、工作Vlog和旅行Vlog等。

Vlog的特点如下。

真实感：Vlog短视频通常是由个人创作者制作的，以真实生活为背景，记录日常场景和事件，因此具有鲜明的个人风格和真实、自然的生活氛围。

亲和力与社交属性：Vlog短视频的内容通常更加贴近生活、更具亲和力，观众可以通过Vlog了解创作者的真实生活、情感和经历，二者间能建立更加亲近的关系。

不确定性：Vlog短视频通常基于作者的亲身经历和感受而制作，过程中充满不确定性和意外惊喜，能引起观众的兴趣和好奇心，吸引观众去观看并持续关注。

完整叙事：Vlog短视频时长相对较长，故事结构与叙事过程较为完整，可以更充分地展示深度内容与细节，为观众提供更多的信息和故事，使其深入了解作者的想法、生活和情感。

7.1.2 家庭生活

家庭生活类短视频以真实家庭为主题，记录家庭娱乐、亲子教育、家庭冲突和情感交流等琐事，展现温馨与美好，传递亲情的力量。这类视频通常采用第一人称叙事，利用生活场景、温馨画面和流畅剪辑，营造沉浸式观看体验，让观众深入感受家庭生活的故事。

家庭生活短视频的特点如下。

真实自然：家庭生活类短视频不刻意追求场景和效果，以真实、自然的视觉效果展现家庭生活中的点滴。

情感共鸣：家庭生活类短视频以家庭成员之间的情感交流和互动为主题，传递家庭的温暖和亲情的力量。

贴近生活：家庭生活类短视频以真实的家庭生活为背景，通常是日常生活中的场景与话题，给人以亲切和熟悉的感觉。

制作简单：家庭生活类短视频的制作不需要太多的设备和技巧，只需使用手机或相机拍摄日常生活的片段，再进行简单的剪辑和配乐即可完成。

7.1.3 家居装修

家居装修类短视频专注于展示装修方案和成果。包括实景拍摄、知识要点图文和效果图动画等形式，内容涵盖室内风格、家居装饰推荐、材料选择、施工过程、成果展示、家居改造及预算经验分享等。其目的是为对家居生活感兴趣的观众提供参考，同时为家居品牌提供宣传和推广机会。

家居装修类短视频的特点如下。

形式生动有趣：家居装修类短视频以情景剧、动画等多种形式配合音乐与解说，吸引消费者的注意力和兴趣。

实用性和美观性：家居装修类短视频注重分享实用的装修技巧和经验，通过展示真实的操作和解决方法的实例，为观众提供最佳的装修效果和理想的家居生活场景。

创新性：家居装修类短视频展现了丰富多样的装修风格、主题和空间布局，为观众展示新颖、多元的装修灵感和设计理念，可以激发其有关家居装修的想象力和创造力。

商业性：通过家居装修类短视频的营销与推广，能够提升家居用品的品牌知名度与影响力，促进消费者的购买决策。

7.1.4 手工制作

手工制作类短视频展示手工艺品的制作过程，创作者通过拍摄和剪辑展示手工艺人的技巧、创意及成品的美感。这类视频涵盖编织、刺绣、折纸、泥塑、绘画、陶艺、木工和DIY等内容，吸引众多爱好者，观众可以通过视频学习技巧，激发对手工制作的兴趣。

手工制作短视频的特点如下。

趣味性与创意性：手工制作类短视频通过制作者的创意和想象力，为观众展示手工艺品的趣味性、艺术魅力与艺术价值。

实用性：手工制作类短视频向观众展示如何制作实用的手工制品，如DIY家居装饰品、手工礼品等，给观众带来实用性的灵感和启发。

教学性：手工制作类短视频通过合适的表现形式展示制作过程，使观众更容易理解和掌握所教授的内容，学习到手工艺品的制作方法和技巧，提高自己的手工艺技能。

注重细节：手工制作类短视频的视频质量和清晰度较高，通过清晰展示每个步骤和细节，帮助观众充分掌握要点、难点与细节。

7.1.5 知识科普

知识科普短视频以传播知识为主题，采用通俗易懂的语言、生动的画面和简短内容，帮助观众快速获取知识或技能，增强理解与应用。其内容涵盖自然科学、历史文化、社会科学、科技创新、医学保健和环保等多个领域。

知识科普类短视频的特点如下。

内容丰富：知识科普短视频涉及各个领域的知识，通过简单轻松的呈现方式，让观众在愉悦的氛围中学习知识，拓宽视野。

通俗易懂：知识科普短视频采用通俗易懂的语言和生动的画面，降低了观众获取知识的门槛和理解难度，适合各个群体的观众观看。

碎片化：知识科普短视频以其短小精悍的时长和碎片化的特点，使得观众可以随时随地学习和了解科学知识。

知识传播：知识科普短视频可以让更多人了解科学知识，掌握运用科学方法解决实际问题的技巧，提升公众的知识素养。

7.1.6 动物宠物

动物宠物类短视频围绕猫、狗等常见宠物及异宠，其内容包括宠物日常、趣事、搞笑瞬间、知识分享、产品测评和公益活动，展示动物的可爱和搞笑行为，带给观众欢乐与温暖。目标受众为宠物主人和爱好者，帮助他们了解宠物知识、分享经验，提升对动物保护的关注与意识。

动物宠物类短视频的特点如下。

氛围轻松：观看动物宠物短视频成为人们放松和舒缓压力的一种方式。宠物可爱、有趣的行为能够传递出快乐和幸福的气息，会为观众带来轻松和放松的感受。

情感连接：动物宠物短视频展示了动物的纯真和对主人的依赖，能够为观众带来满足感和幸福感，满足人们的情感需求。

启发灵感：动物宠物短视频不仅带给人们欢乐和放松，一些宠物知识分享和行为技巧的视频内容还可以为用户提供训练、健康、饮食方面的灵感,帮助用户更好地了解与照顾自己的宠物。

社交互动:动物宠物短视频能引起观众共鸣,广泛传播于社交媒体,成为分享和交流的平台。一些视频还涉及动物保护、领养和公益活动,助力社会公益事业。

7.1.7 美食烹饪

美食烹饪类短视频展示烹饪技巧和创意美食,能吸引烹饪爱好者。通过精美特写、流畅剪辑、合适配乐和生动解说,详细介绍制作细节和成品。其内容涵盖家常菜、面食、甜点的制作过程,分享食谱、厨房技巧、美食挑战及地方菜系的文化故事,唤起观众对传统文化的认同感。

美食烹饪类短视频的特点如下。

贴近生活:美食短视频的选材以日常生活中常见的食材与烹饪方法为主,并加入真实的厨房场景,为观众带来亲切、真实的观看体验。

实用性:观众可以通过观看美食短视频学习实用的烹饪技巧和知识,例如食材选购、烹饪方法和搭配建议等,以提高烹饪水平和饮食质量。

视觉效果:美食短视频通过精准的拍摄与剪辑,展示菜品的诱人外观和色彩搭配,以吸引观众的注意力,激发观众的食欲。

文化性:美食短视频不仅展示菜品的制作过程,还会介绍与讲解美食的文化背景、历史故事和地域特色,帮助观众了解和体验不同的美食文化,从而促进美食文化的传播和推广。

美食烹饪类短视频拍摄的风格如下。

清新自然风格:注重展现美食的自然之美,拍摄场景设置在田园、山林、海滩等自然环境中,画面色彩清新自然,强调食材的新鲜度和原汁原味。

古风风格:注重展示与分享传统美食和古代烹饪文化,拍摄场景通常设置在古色古香的厨房或竹林等自然环境中,画面色彩古朴和典雅,强调食物的美感和文化内涵。

时尚简约风格：拍摄场景通常设置在简约干净的餐厅或厨房中，画面色彩鲜艳明亮，以展现食材的高品质与精致感。

温馨家庭风格：拍摄场景通常设置在家庭厨房中，画面多为温暖色调，强调家庭烹饪的实用性和温馨感。

专业教学风格：注重教学性与实用性，侧重烹饪技巧和步骤的详细讲解，以帮助观众学习与制作菜品。

7.1.8 时尚美妆

时尚美妆类短视频聚焦时尚、美妆和服饰，提供易懂的教程、产品测评、妆容展示、护肤、美容搭配和发型造型等内容，旨在为用户提供化妆和造型的灵感与指导。主要受众是对美妆和时尚有较高需求的群体，创作者通过分享经验，帮助观众了解潮流趋势并改善造型。

时尚美妆类短视频的特点如下。

简单易懂：时尚美妆短视频的时长一般控制在1~5分钟，内容简洁明了，便于观众快速理解和消化。

实用性：时尚美妆短视频注重向观众传授实用的美妆或时尚教程与指导，帮助观众学习和掌握相关技能。

趋势感和时效性：时尚美妆短视频密切关注最新的时尚潮流和趋势，持续更新内容，确保与时俱进，帮助观众了解时尚界的最新动态。

商业化：时尚美妆短视频发布者通常与品牌合作，通过产品特写或品牌Logo推广美妆产品。这种合作能提升品牌曝光和销售机会，同时为发布者带来收入和影响力。

7.1.9 旅游探险

旅游探险类短视频以旅游和探险为主题，通过图像、声音与文字解说等媒介，向观众介绍与展示旅游目的地风景、旅行体验与户外探险等内容，激发观众对旅游和探险的兴趣，为观众带来视觉与心灵的享受。

旅游探险类短视频涵盖旅游景点、自然风光、地理景观、人文风情、冒险体验、出行建议等内容，以及探险或旅行过程中面临的挑战、问题等。观众通过观看短视频可以了解、体验和感受不同地方的风土人情与自然景观。

旅游探险类短视频的特点如下。

直观性：旅游探险短视频以直观的影像展示目的地景色，让观众能够迅速了解旅游目的地的美景和风土人情。

多样化拍摄手法：在制作旅游探险类短视频时会使用多种拍摄手法，例如运动镜头、慢动作和时间流逝等，使短视频更加生动有趣。

实用性：旅游探险短视频通常会分享实用的旅行建议、行程规划以及交通信息指南等，以帮助观众更好地准备和规划他们的旅行和探险活动。

人文元素：除了景点和体验之外，人文元素也是旅游探险短视频的内容。通过拍摄当地民居、文化和风俗来展现当地的特色和魅力，可以让观众更加深入地了解当地的文化和历史。

7.1.10 运动健身

运动健身类短视频是以健身运动为主题的短视频。通过生动的图像和动作展示，向观众传达关于健身的知识和技能，帮助观众了解和学习健身运动，并鼓励他们积极参与和坚持健身活动。

运动健身类短视频通过简短精练的视频形式，有效地传递运动的核心概念、正确的姿势和动作执行、健身器材、健身训练计划等指导性内容；还会提供有关营养饮食、健康科普和生活方式的建议，帮助观众制订健身计划、培养健康的生活习惯。

运动健身类短视频的特点如下。

直观性：运动健身类短视频借助直观生动的图像和动作展示，向观众展示正确的动作执行和效果，方便观众快速理解和模仿。

实用性：运动健身类短视频通常为观众提供实用的健身运动、训练方法和技巧，帮助观众学习和掌握正确的健身姿势和动作。

个性化定制：运动健身类短视频可以针对不同用户的健身需求和目标，制订针对性的健身计划，以帮助用户更好地实现健身目标。

科学性：运动健身类短视频一般由经验丰富的健身教练或运动员制作和发布，其内容经过科学专业的筛选，能够满足大众的健身需求，并确保视频的质量和可信度。

7.1.11 幽默搞笑

幽默搞笑类短视频是以幽默、诙谐、搞笑为主题的短视频格式，时长通常在几十秒到几分钟之间。通过创造有趣的、出乎意料的情节，搞笑的对白与音效，滑稽夸张的表演以及荒诞的场景，为观众带来欢乐与愉快的心情。

幽默搞笑类短视频的内容包括各种主题与类型，可以是情景喜剧、搞怪表演、恶搞配音、反转剧情、搞笑失误等。这些内容在社交媒体平台上广泛传播，满足了大众的娱乐需求，成为人们休闲娱乐的一种选择。

幽默搞笑类短视频的特点如下。

幽默性：幽默搞笑短视频以幽默诙谐的情节和语言、夸张荒谬的行为和表演等方式为观众带来欢乐与轻松感，让人在繁忙的生活中得到放松和享受。

创意性：幽默搞笑短视频创作需要了解观众的笑点和兴趣点。通过巧妙构思和创意表现，创造出出人意料的笑料和搞笑效果，触动观众笑点。

快速传播：幽默搞笑类短视频以简洁明快的方式呈现，其时长较短，适合在社交媒体平台上分享和传播。

粉丝黏性：幽默搞笑短视频具有较高的粉丝黏性，这类短视频以搞笑、幽默为主，能够为观众提供源源不断的欢乐与愉悦的感受，吸引观众持续观看。

7.1.12 文化艺术

文化艺术类短视频生动直观地展示艺术精髓与魅力，旨在普及艺术知识、传播文化、传承非遗、促进艺术普及，培养大众的艺术审美，丰富精神生活。其内容涵盖戏曲、音乐表演、绘画、书法、雕塑创作，传统手工艺、建筑、民间故事、古代诗词、节日习俗及其他历史故事。

文化艺术类短视频的特点如下。

直观性：文化艺术类短视频以直观、生动的影像形式，将各种文化艺术形式展现给观众，使观众能够身临其境地感受文化艺术的美妙与魅力。

多样性和包容性：文化艺术类短视频涵盖了多种艺术形式和领域，能够满足不同群体的需求和喜好。

创意性：文化艺术类短视频以新颖的视角和创新的表达方式，创作出充满艺术感的作品。

文化性：文化艺术类短视频起到传递文化信息、普及艺术知识、展示艺术成果的重要作用，并促进了文化交流与融合。

7.1.13 音乐

音乐类短视频以音乐为核心，结合图像、动画或舞蹈等视觉元素传达情感，展示歌曲魅力和歌手实力，提供优质视听体验。其内容包括歌曲MV、演唱会片段、音乐现场、歌曲分享、乐器演奏、翻唱、音乐教学和音乐剧表演等多种形式，各具独特艺术魅力。

音乐类短视频的特点如下。

内容丰富多样：音乐类短视频形式丰富，涵盖流行、古典、摇滚等多种音乐类型，以及歌唱、乐器演奏等表演形式，提供多样化的音乐体验，满足不同观众的需求。

节奏感和音乐感强：音乐类短视频具有强烈的节奏感和音乐感，能够迅速抓住观众的注意力，引领他们进入音乐的世界。

强烈的情感表达：音乐类短视频通过旋律、节奏和歌词，以及视觉呈现，传递喜悦、悲伤、激动等情感，触动观众内心，让其深刻感受到音乐的情感氛围和意境。

视听双重享受：音乐类短视频以音画合一的完美呈现，为观众带来全方位的感官享受。音乐通过旋律、节奏和歌词传达情感，而视觉画面与动作则可以丰富和强化音乐的表达。

7.1.14 剧情

剧情类短视频以原创故事为核心，时长通常在1~5分钟，涵盖爱情、喜剧、悬疑、动作、科幻等类型，通过紧凑叙事和生动角色刻画吸引观众。通过短时间内的故事讲述提供丰富的观影体验和情感共鸣，同时展示创作者的编剧与导演才能，成为表达个人观点和创意的平台。

剧情类短视频的特点如下。

题材多样：剧情类短视频涵盖爱情、家庭、友情、悬疑、恐怖、科幻等多种题材，满足不同观众的兴趣。创作者可根据流行趋势或个人创意进行创作，确保内容的新鲜感与多样性。

叙事紧凑：由于时长有限，剧情类短视频需要在短时间内完成故事的起承转合，要求编剧在剧本创作时做到精炼和紧凑，通过简洁有力的对白和紧凑的剧情发展来抓住观众的注意力。

故事性强：剧情类短视频通过创新的叙事结构和独特的剪辑手法，提供引人入胜的完整故事。创作者常利用倒叙和插叙等技巧，增加故事的复杂性和观赏性，激发观众的好奇心。

视觉效果精致：尽管制作周期短，剧情类短视频依然注重画面质量和视觉效果。通过精心设计的场景、灯光、特效和拍摄技巧，打造出具有电影质感的视觉体验，增强观众的观看兴趣。

情感共鸣：剧情类短视频注重角色的情感表达，通过真实细腻的表演和感人情节，引发观众共鸣。无论是爱情的甜蜜、友情的温暖，还是悬疑的紧张感，都能在短时间内打动观众。

易于传播：剧情类短视频适用于各种平台，尤其是移动设备上的社交媒体应用。因其时长短、内容精炼，观众可以随时随地观看和分享，增加了视频的传播广度和速度。

7.1.15 舞蹈

舞蹈类短视频以舞蹈表演为核心，结合音乐和视觉元素，展示舞者的技巧和情感，为观众带来舞蹈艺术的欣赏与享受。其内容包括专业舞者展示、普通人拍摄的舞蹈视频，以及情景舞蹈、舞蹈教学、编排、混剪、挑战和纪录片等多种形式。

舞蹈类短视频的特点如下。

形式丰富：舞蹈类短视频涵盖多个舞种，如现代舞、街舞、民族舞和古典舞等，每种舞蹈都有其独特的风格和特点，能满足不同观众的喜好。

视觉冲击：舞蹈类短视频凭借舞者的表演魅力以及舞蹈动作的精准与优美，为观众带来视觉震撼与享受。

个性化风格：舞者通过独出心裁的编舞和动作展示其创意和才华，呈现出独特的艺术风格和个人特色。

社交分享和传播：舞蹈类短视频在社交媒体平台上广受欢迎，舞蹈的视觉美感和娱乐性使其成为用户分享和传播的热门内容，带来广泛的关注和喜爱。

多样化场景：为了更好地传播和吸引更多观众，舞蹈类短视频的拍摄场景不再局限于舞蹈房或室内，而是延伸到了各种户外场景，如高山、公园、下雪天等。

7.1.16 创意

创意类短视频通过独特的创意和手法，利用有限的时间和资源制作出具有创新和艺术性的作品。以创意为核心，注重故事情节、情感表达、幽默元素和视觉效果，通过故事化表达与独特剪辑，为观众带来新颖的观影体验。其内容涵盖动画、CG、真人等形式，涉及情感故事、恶搞段子、微电影、创意广告、动物剪辑、手工艺制作等多种题材。

创意类短视频的特点如下。

传播迅速：创意类短视频具有短时间内快速传播和形成热点话题的特点，可以通过多种渠道迅速吸引大量观众。

内容精炼：创意类短视频的时长较短，内容紧凑，能够在有限的时间内快速传达影视作品的精华和亮点，吸引观众的注意力。

幽默感与创意性：创意类短视频以创意和幽默感为特点。通过独特的创意和创造性手法，以及幽默和创意元素，为观众带来惊喜和深刻印象。

艺术性：创意类短视频追求艺术性的表达，通过动画、实拍、混剪、特效等多种表现形式实现独特的视觉效果，创造出引人注目且富有艺术感的作品。

7.1.17 教学

教学视频是Vlog视频中较为常见的类型之一，包括美食、手工、美妆等不同领域，使用视频的方式进行教学展示，相较于文字，视频内容更具吸引力。

教学类短视频的特点如下。

内容广泛：教学类短视频涵盖各种领域的内容，如美食、手工、美妆、健身、绘画等。每个领域都有其独特的教学方法和技巧，能够满足不同观众的学习需求。

步骤清晰：教学类短视频通过分步骤的详细演示，使观众能够轻松跟随学习。清晰的步骤和详细的讲解帮助观众理解和掌握每一个操作环节，降低学习难度。

直观易学：相较于文字或图片教程，教学类短视频以视频形式直观展示操作过程，使观众能够更好地理解和模仿。同时，视频中的声音和图像结合，使学习过程更加生动有趣。

互动性强：教学类短视频通过邀请观众在评论区留言或分享学习成果，增强了创作者与观众之间的互动。这种互动提高了观看体验，增加了观众的参与感。

短小精悍：教学类短视频通常时长较短，内容紧凑，能够在有限的时间内传授有效的知识和技能。观众可以在碎片时间内观看和学习，增强了视频的便利性和实用性。

7.2 实战：综艺感片头

7.2.1 设计思路

案例类型：

本案例展示了一个充满综艺感的片头短视频。视频画面中，一位男士抱着冲浪板站在海边，目光望向远方，充满了对未来的期待和热爱。视频开头通过分别写着"热爱"和"是所有的理由和答案"

的两组综艺感文字，瞬间抓住了观众的注意力。整个视频配上动感欢快的音乐，使得气氛更加积极向上，右下角还有一个双手大拇指赞的卡通贴纸，增添了趣味性和亲和力。

项目诉求：

视频的主要目标受众是那些热爱生活、积极向上的人群。通过动感的配乐、有趣的文字动画和卡通贴纸，视频意在传递一种积极乐观的情绪，强调热爱是所有行动的理由和答案。文字动画的出现不仅增加了视觉效果，还让观众在片头就感受到浓厚的综艺风格，吸引他们继续观看。

设计定位：

本案例的设计围绕"热爱"这一主题展开，整体风格积极、欢快且充满动感。通过动感的音乐、弹出的文字动画和卡通贴纸的巧妙结合，视频成功地营造了一种令人愉悦的氛围，让观众在视觉和听觉上都得到享受，同时感受到一种向上的力量和对生活的热情。

7.2.2 特效

音乐：

本视频采用动感欢快的配乐，音乐节奏明快，极大地增强了视频的积极氛围。欢快的旋律与画面中的冲浪场景相得益彰，使观众感受到一种愉悦和振奋。

文字包装：

视频开头以两组弹出的综艺感文字（白色文字、黑色描边）为特色，文字内容分别是"热爱"和"是所有的理由和答案"。这种文字效果不仅增强了视觉冲击力，还通过动态的出现方式增加了趣味性和吸引力，使观众一开始就被视频吸引。

7.2.3 项目实战

步骤/01 将"01.mp4"素材文件导入剪映

中。在工具栏面板中点击"文字"工具。

步骤/02 将时间线滑动至起始时间位置处，在工具栏面板中点击"新建文本"工具。

步骤/03 在文字面板中输入合适的文字内容，点击"字体"，再点击"创意"，选择一种合适的文字字体。

步骤/05 点击"粗斜体",再点击"倾斜体"按钮。

步骤/04 点击"样式",选择合适的文字样式,然后点击"文本",设置"字号"为20。

步骤/06 设置文字的结束时间为29帧。

步骤/07 将时间线滑动至29帧位置处，在工具栏面板中点击"新建文本"工具。

步骤/08 在文字面板中输入合适的文字内容，点击"字体"，再点击"创意"，选择合适的文字字体。（剪映可能会自动保存之前的预设，可根据效果自行调整）

步骤/09 点击"样式"，选择合适的文字样式，点击"文本"，设置"字号"为16。

步骤/10 点击"粗斜体"，再点击"倾斜体"按钮。

步骤/11 设置刚刚添加的文字结束时间与视频结束时间相同。

第7章　短视频的创作类型

步骤/12 将时间线滑动至起始时间位置处，在工具栏面板中点击"添加贴纸"工具。

步骤/13 在弹出的面板中点击"情绪"，选择合适的贴纸。

步骤/14 在播放面板中设置贴纸到合适的位置与大小。设置贴纸的结束时间与视频结束时间相同。

步骤/15 将时间线滑动至起始时间位置处，在工具栏面板中点击"音频"，再点击"音乐"工具。在弹出的"添加音乐"面板中点击"混剪"，

175

在"混剪"面板中选择合适的音频文件。接着点击"使用"按钮,并设置音频文件与视频文件结束时间相同。

7.3 实战:风景旅行视频

本案例首先设置素材文件的持续时间,接着使用"素材包"工具为画面添加合适的文字与其他动画制作风景旅行视频效果,并使用"音乐"工具为视频添加音乐。

7.3.1 设计思路

案例类型：

本案例展示了一个风景旅行视频，包含浪漫的配乐、有趣的音效、新潮的手写体视频文字包装和浪漫的特效。视频通过这些元素的巧妙结合，呈现出一个视觉和听觉上都十分吸引人的旅行故事。

项目诉求：

视频的主要目标受众是热爱旅行、喜欢浪漫风景和富有创意视频内容的观众。通过在风景旅行的画面中加入浪漫的配乐和新潮的手写体文字包装，视频不仅展现了美丽的风景，还增强了观众的情感体验和视觉享受。配合有趣的音效和浪漫的特效，使得视频更加生动有趣，吸引观众的注意力并激发他们的旅行欲望。

设计定位：

本案例的设计围绕"浪漫风景与创意效果"主题展开，整体设计定位为浪漫、动感且富有创意的风格。通过音乐、音效、文字包装和特效的综合运用，提升了视频的观赏性和情感共鸣，使得每一段风景的展示都更具吸引力和艺术性。

7.3.2 特效

音乐：

本案例使用浪漫的配乐，为视频的风景画面提供情感上的烘托。音乐的选择和编排旨在提升视频的浪漫氛围和整体体验，使观众在欣赏美丽风景的同时，也能感受到轻松愉悦的情绪。

音效：

除了主音乐外，视频中还加入了有趣的音效，这些音效与画面中的风景和动作相结合，增加了视频的趣味性。

文字包装：

视频中使用了新潮的手写体文字，配以浪漫的字体和动效。文字不仅用来描述风景，还用于传达情感和旅行故事。通过文字的动态效果，增强了视觉的吸引力，使得信息传达更加生动有趣。

特效：

浪漫的特效被应用于视频的各个部分，例如画面中飘动的光斑粒子特效，使得风景画面看起来更加梦幻和富有层次感。

读书笔记

7.3.3 项目实战

步骤/01 将"01.mp4"素材文件导入剪映中。

步骤/02 设置"01.mp4"素材文件的结束时间为3秒，将时间线滑动至素材文件结束时间，点击 ➕（添加）按钮。

步骤/03 在弹出的素材面板中点击"照片视频"，再点击"视频"，选择"02.mp4~05.mp4"素材文件，接着点击"添加"按钮。

步骤/04 选择"02.mp4"素材文件，设置"02.mp4"素材文件的持续时间为3秒。

步骤/05 选择"03.mp4"素材文件,设置"03.mp4"素材文件的持续时间为3秒。

步骤/06 选择"04.mp4"素材文件,设置"04.mp4"素材文件的持续时间为3秒。

步骤/07 选择"05.mp4"素材文件,设置"05.mp4"素材文件的持续时间为3秒。

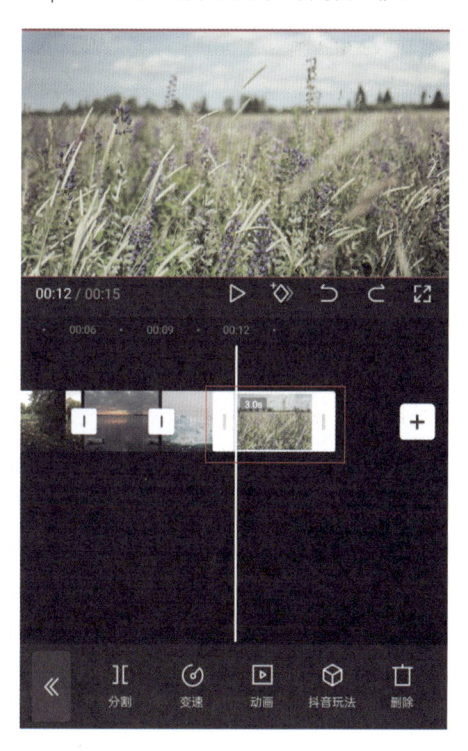

步骤/08 将时间线滑动至起始时间位置处,在工具栏面板中点击"素材包"工具。

步骤/09 在弹出的素材包面板中点击"旅行",选择合适的素材包。

步骤/10 将时间线滑动至4秒位置处,在工具栏面板中点击"新增素材包"工具。

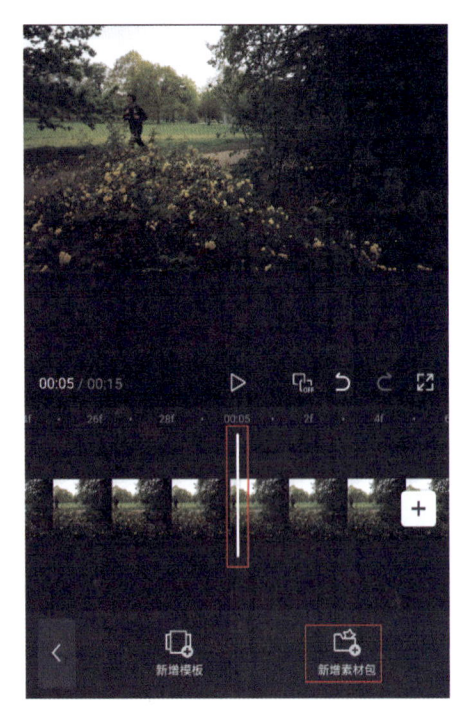

步骤/11 在弹出的素材包面板中点击"旅行",选择合适的素材包。

步骤/12 将时间线滑动至8秒11帧位置处,在工具栏面板中点击"新增素材包"工具。

第7章 短视频的创作类型

步骤/13 在弹出的素材包面板中点击"旅行",选择合适的素材包。

步骤/14 将时间线滑动至13秒10帧位置处,在工具栏面板中点击"新增素材包"工具。

步骤/15 在弹出的素材包面板中点击"旅行",选择合适的素材包,并设置结束时间与视频结束时间相同。

步骤/16 选择第一个添加的素材包,在工具栏面板中点击"打散"工具。

181

步骤 17 点击"文字",选择文字图层,在工具栏面板中点击"编辑"工具。

步骤 18 在弹出的面板中修改文字内容为"望",接着点击 ⇅ 按钮切换到下一文字栏。

步骤 19 在文字栏中修改文字为"海"。

步骤 20 将时间线滑动至起始时间位置处,在工具栏面板中点击"音频",再点击"音乐"工具。

步骤/21 弹出"添加音乐"面板,点击搜索栏,搜索"Hava a good day",选择合适的音频文件。接着点击"使用"按钮,并设置音频文件的结束时间与视频结束时间相同。

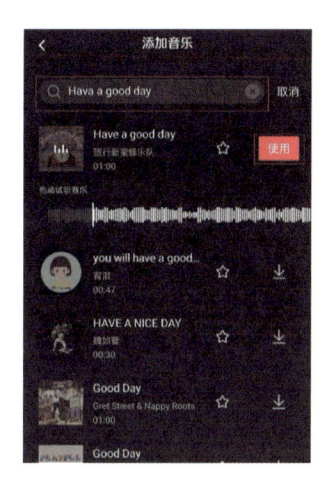

7.4 实战:"出发回家啦"短视频

本案例首先设置素材文件的持续时间,接着使用"素材包"工具为画面添加合适的文字与其他动画,制作回家视频效果,然后使用"音乐"工具为视频添加音乐。

7.4.1 设计思路

案例类型：

本案例展示了一个关于回家主题的短视频。视频以轻柔的慢节奏配乐和快速的镜头转场为特色，开头使用了键盘打字效果的文字包装"出发回家啦"，展现了一个温馨且充满期待的回家之旅。

项目诉求：

视频的主要目标受众是那些期待回家的观众或旅行中的人群。通过轻柔的配乐和镜头之间的快速转场，视频旨在营造一种温暖和轻松的氛围，同时通过"出发回家啦"的文字包装，传达回家的兴奋和喜悦感。快速的镜头切换和慢节奏的音乐相结合，创造了一种既有动感又不失温馨的观感体验，能够有效吸引观众的注意力，并引发他们的共鸣。

设计定位：

本案例的设计围绕"回家"这一主题展开，整体设计定位为温馨、期待和充满动感的风格。通过配乐、文字包装和镜头转场的综合运用，营造了一个生动而有情感的短视频效果，使观众在观看的过程中感受到回家的温暖和愉悦。

7.4.2 特效

音乐：

本案例采用轻柔慢节奏的配乐，音乐的选择和编排旨在增强视频的温馨氛围和情感共鸣。配乐通过缓慢而悠扬的旋律，营造出一种放松和愉悦的情绪，使观众在视觉上享受的同时，也感受到音乐带来的情感温度。

镜头转场：

视频中的镜头转场设计为快速且富有节奏感的风格。这种快速的转场使得视频的节奏更加流畅和动感，同时通过镜头的迅速切换，增强了视频的视觉冲击力和动态感。每个镜头的快速切换与配乐的节奏相呼应，提升了整体观感的连贯性和吸引力。

文字包装：

视频开始时，以键盘打字的方式出现了"出发回家啦"的文字包装。这个文字效果不仅清晰传达了视频的主题，还通过打字的动画增加了趣味性和真实感。文字的呈现方式与视频的温馨主题相辅相成，帮助观众更好地融入回家的情感氛围中。

7.4.3 项目实战

步骤/01 将"01.mp4"素材文件导入剪映中。

步骤/02 设置"01.mp4"素材文件的结束时间为3秒。

步骤/03 将时间线滑动至素材文件结束时间，点击 + （添加）按钮。

步骤/04 在弹出的素材面板中点击"照片视频"，再点击"视频"，选择"02.mp4~05.mp4"素材文件，接着点击"添加"按钮。

步骤/05 选择"02.mp4"素材文件，设置"02.mp4"素材文件的持续时间为3秒。

步骤/06 使用同样的方法，分别设置"03.mp4~05.mp4"素材文件的持续时间为3秒。

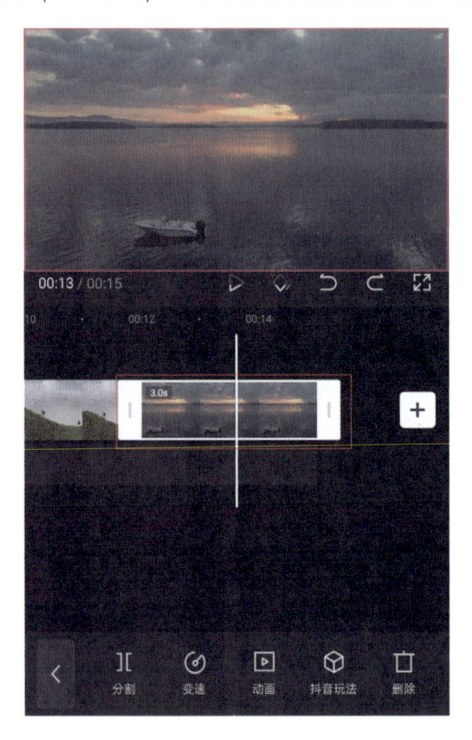

步骤/07 选择"01.mp4"与"02.mp4"素材文件，点击□（转场）按钮。

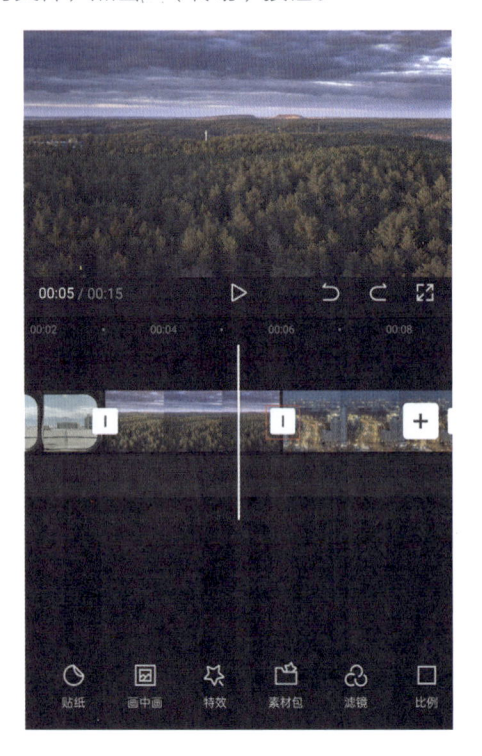

步骤/08 在弹出的"转场"面板中点击"运镜"，选择"推近"转场。使用同样的方法为剩余素材添加"推近"转场。

步骤/09 将时间线滑动至起始时间位置处，在工具栏面板中点击"素材包"工具。

步骤/10 在弹出的"素材包"面板中点击"旅行",选择合适的素材包。

步骤/11 选择第一个素材包,在工具栏面板中点击"打散"工具。

步骤/12 点击"文字",选择文字图层,在工具栏面板中点击"编辑"工具。

步骤/13 在弹出的面板中修改文字内容为"出发回家啦"。

步骤14 将时间线滑动至起始时间位置处，在工具栏面板中点击"音频"，再点击"音乐"工具。

步骤15 在弹出的"添加音乐"面板中点击"抖音"，选择合适的音频文件。接着点击"使用"按钮，并设置音频文件的结束时间与视频结束时间相同。

7.5 实战：假期 Vlog 短视频

7.5.1 设计思路

案例类型：

本案例展示了一个浪漫唯美的假期Vlog短视频。视频开头是男士为女士拍照片的镜头，画面斜切为三部分，动感十足。第二个镜头通过快速转场切换到女士的特写画面，展示了她的美丽和幸福。整个视频充满了浪漫气息，伴随着唯美的动态粒子漂浮特效和浪漫的歌曲，给人带来强烈的幸福感。视频开始时，出现了"假期Vlog"的文字，明确传达了视频的主题。

项目诉求：

视频的主要目标受众是那些热爱生活、享受浪漫时光的观众。通过动感的镜头切换和浪漫的视觉特效，视频旨在营造一种温馨和幸福的氛围，传递出假期中的美好瞬间。浪漫的音乐和唯美的动态粒子特效，使观众在观看时感受到一种愉悦和放松，并激发他们对美好生活的向往。

设计定位：

本案例的设计围绕"浪漫假期"这一主题展开，整体风格浪漫、唯美且充满幸福感。通过动感的镜头切换、浪漫的音乐、唯美的动态粒子漂浮特效以及温馨的文字包装，视频成功地营造了一种令人愉悦的氛围，让观众在视觉和听觉上都得到享受，同时感受到假期的美好和浪漫。

7.5.2 特效

音乐：

本视频采用浪漫的歌曲作为背景音乐，动感的旋律与画面中的浪漫场景相得益彰，使观众感受到一种愉悦和幸福的情绪。

文字包装：

视频开始时，出现了"假期Vlog"的文字包装。文字以清新、简洁的风格呈现，完美契合视频的浪漫主题。

特效：

视频中使用了唯美的动态粒子漂浮特效，增加了画面的梦幻感和浪漫氛围。粒子漂浮特效与视频内容相辅相成，提升了视频的视觉效果，使整个视频更加生动、浪漫。

7.5.3 项目实战

步骤/01 将"02.mp4"素材文件导入剪映中。

读书笔记

步骤/02 选择视频文件，设置持续时间为2.5s。在工具栏面板中点击"滤镜"工具。

步骤/03 在弹出的"滤镜"面板中点击"室内"，再点击"夏日风吟"，设置滤镜强度为100，接着点击✓（确定）按钮。

步骤/04 在播放面板中设置合适的位置，在工具栏面板中点击"动画"工具。

步骤/05 点击"入场动画"，再点击"向下滑动"动画，接着点击✓（确定）按钮。

第7章 短视频的创作类型

步骤/06 在工具栏面板中点击"蒙版"工具。

步骤/08 将时间线滑动至2秒15帧位置处，接着点击 ➕（添加）按钮。

步骤/07 在弹出的"蒙版"面板中选择"镜面"蒙版。在播放面板中设置合适的位置，接着点击 ✓（确定）按钮。

步骤/09 在弹出的面板中点击"照片视频"，再点击"视频"，选择"03.mp4"素材文件，接着点击"添加"按钮。

步骤/10 设置刚刚添加的"03.mp4"素材文件的结束时间为7秒11帧。在工具栏面板中点击"动画"工具。

步骤/11 在弹出的"动画"面板中点击"入场动画",再点击"动感缩小"动画,接着点击 ✓(确定)按钮。

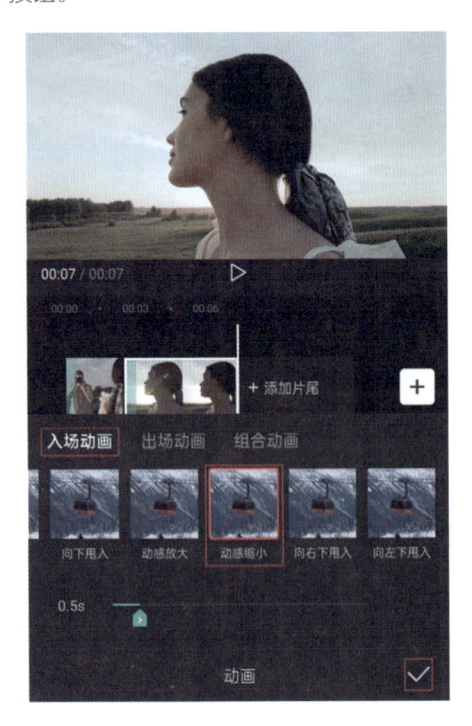

步骤/12 在工具栏面板中点击"滤镜"工具。

步骤/13 在弹出的"滤镜"面板中点击"人像",再点击"鲜亮",设置滤镜强度为100,接着点击 ✓(确定)按钮。

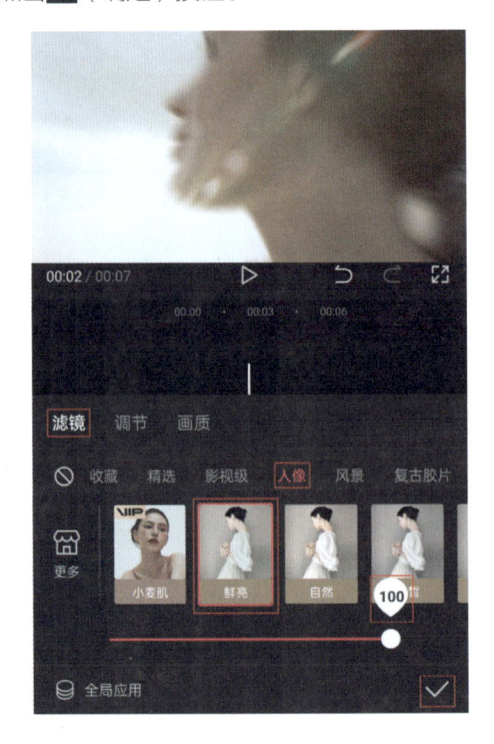

步骤/14 将时间线滑动至起始时间位置处，在工具栏面板中点击"画中画"工具。

步骤/15 点击"新增画中画"工具。

步骤/16 在弹出的面板中点击"照片视频"，再点击"视频"，选择"04.mp4"素材文件，接着点击"添加"按钮。

步骤/17 在播放面板中设置文件的合适位置与大小。选择视频文件，设置结束时间为2秒15帧。在工具栏面板中点击"动画"工具。

步骤/18 在弹出的"动画"面板中点击"入场动画",再点击"向上滑动"动画,接着点击 ✓（确定）按钮。

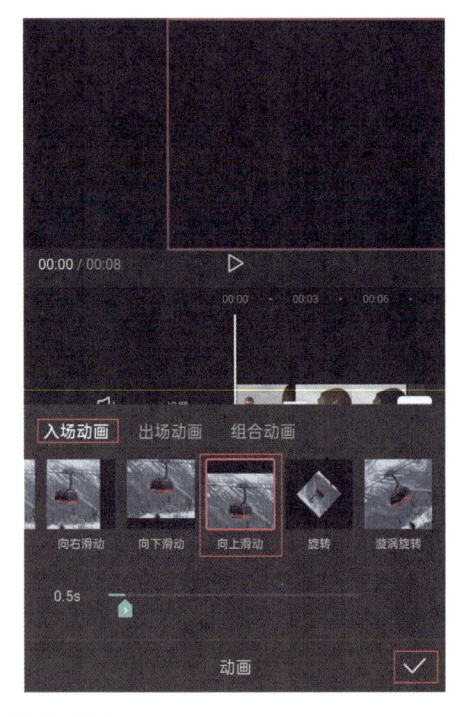

步骤/19 在工具栏面板中点击"滤镜"工具。

步骤/20 在弹出的"滤镜"面板中点击"室内",再点击"夏日风吟",设置滤镜强度为100,接着点击 ✓（确定）按钮。

步骤/21 在工具栏面板中点击"蒙版"工具。

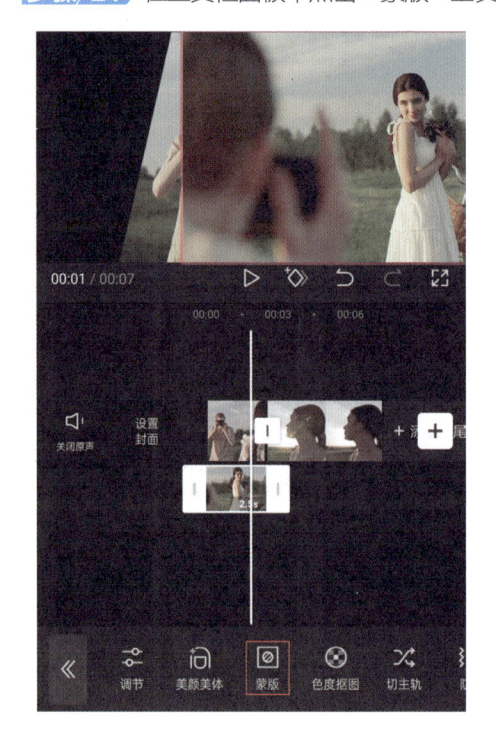

第7章 短视频的创作类型

步骤/22 在弹出的"蒙版"面板中选择"镜面"蒙版。在播放面板中设置合适的位置,接着点击✓(确定)按钮。

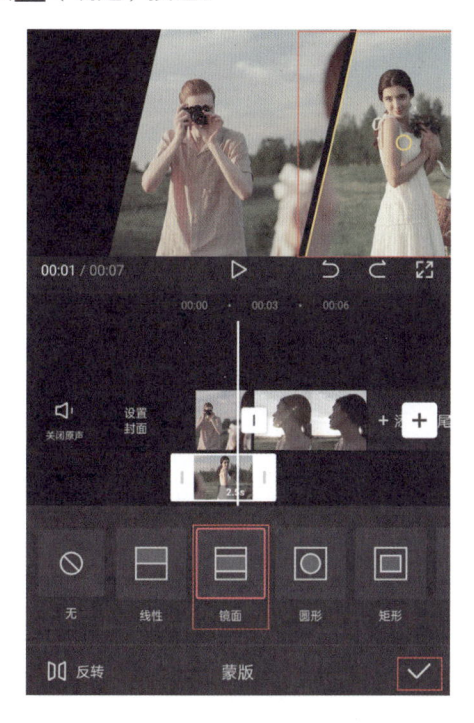

步骤/24 在弹出的面板中点击"照片视频",再点击"视频",选择"01.mp4"素材文件,接着点击"添加"按钮。

步骤/23 将时间线滑动至起始时间位置处,接着点击"新增画中画"工具。

步骤/25 在播放面板中设置文件的合适位置与大小。选择视频文件,设置结束时间为2.5s。在工具栏面板中点击"滤镜"工具。

195

步骤/26 在弹出的"滤镜"面板中点击"室内",再点击"夏日风吟",设置滤镜强度为100,接着点击☑(确定)按钮。

步骤/27 选择视频文件,在工具栏面板中点击"动画"工具。

步骤/28 在弹出的"动画"面板中点击"入场动画",再点击"向上滑动"动画,接着点击☑(确定)按钮。

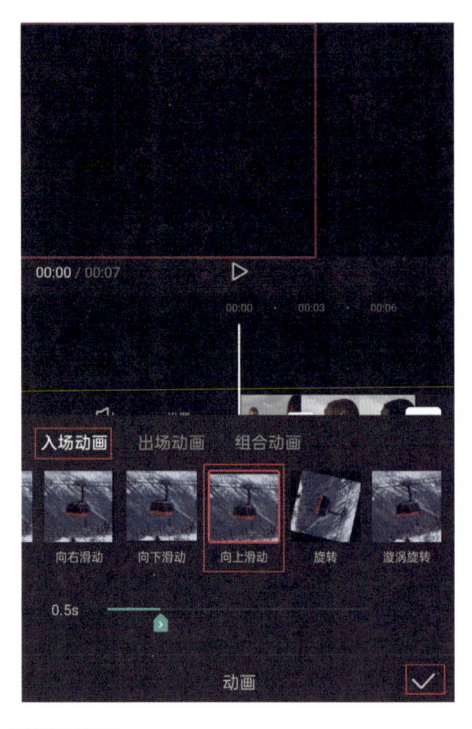

步骤/29 在工具栏面板中点击"蒙版"工具。

第7章 短视频的创作类型

步骤/30 在弹出的"蒙版"面板中选择"镜面"蒙版。在播放面板中设置合适的位置，接着点击✓（确定）按钮。

步骤/31 将时间线滑动至起始时间位置处，在工具栏面板中点击"文字"，再点击"新建文本"工具。

步骤/32 弹出文字面板，在其中输入合适的文字内容。点击"字体"，再点击"热门"，选择合适的字体。

步骤/33 点击"样式"，设置合适的文字样式，接着点击"文本"，设置"字号"为15。

197

步骤/34 点击"动画",再点击"入场",选择"生长"动画,接着点击✓(确定)按钮。

步骤/35 设置刚刚添加的文字内容的结束时间为2秒。

步骤/36 点击时间轴空白位置处,将时间线滑动至2秒02帧位置处,在工具栏面板中点击"特效"工具。

步骤/37 在弹出的面板中点击"画面特效"工具。

第7章 短视频的创作类型

步骤/38 在特效面板中点击"氛围",再点击"浪漫氛围II",接着点击☑(确定)按钮。

步骤/39 将时间线滑动至起始时间位置处,接着点击"画面特效"工具。

步骤/40 在特效面板中点击"氛围",再点击"星火炸开",接着点击☑(确定)按钮。

步骤/41 设置刚刚添加的特效结束时间为3秒05帧。

199

步骤/42 将时间线滑动至3秒05帧位置处，接着点击"画面特效"工具。

步骤/43 在特效面板中点击"爱心"，再点击"怦然心动"，接着点击☑（确定）按钮。

步骤/44 设置刚刚添加的特效结束时间与视频结束时间相同。在工具栏面板中点击"作用对象"工具。

步骤/45 在弹出的"作用对象"面板中点击"全局"，接着点击☑（确定）按钮。

第7章 短视频的创作类型

步骤/46 选择"星火炸开"特效，接着在工具栏面板中点击"作用对象"工具。

步骤/47 在弹出的"作用对象"面板中点击"全局"，接着点击☑（确定）按钮。

步骤/48 选择"浪漫氛围II"特效，接着在工具栏面板中点击"作用对象"工具。

步骤/49 在弹出的"作用对象"面板中点击"全局"，接着点击☑（确定）按钮。

201

步骤/50 将时间线滑动至起始时间位置处，在工具栏面板中点击"音频"，再点击"音乐"工具。

步骤/51 在弹出的"添加音乐"面板中搜索"落在生命里的光"，选择合适的音频文件。接着点击"使用"按钮，并设置音频文件与视频文件结束时间相同。此时本案例制作完成。

读书笔记